青色発光ダイオード

日亜化学と若い技術者たちが創った

テーミス編集部

テーミス

はじめに

平成一四年夏、徳島市の友人を訪ねて懇談した後、同世代の女性を紹介された。Sさんといって、四国四県で積極的なボランティア活動をしている人だった。彼女からメディアはもっとしっかりせよと強くハッパをかけられた。

「いま阿南市にある日亜化学工業が開発した青色発光ダイオードを巡って、中村修二という元社員から訴えられている。ところが中央のマスコミは、彼の言い分ばかり報道して、会社側の発言は取り上げようとしない。こんな一方的な報道が続けば、メディアに対する読者の不信感は増大するばかりだ。丁寧で公平な取材をした上で、正しく報道するべきだ」

帰京して、青色発光ダイオードの特許を巡る新聞・雑誌の記事を集めて精読してみると、なるほど中村氏側の主張ばかりが目立つ報道である。日亜化学が「真実は裁判を通して明らかにする」という姿勢で、取材申し入れに応じていなかったことも一因だが「中村氏の言い分が本当なのか、調査する必要がある」と意欲が沸いてきた。

私たちはまず裁判を傍聴した。中村氏側の弁護士にもお会いした。さらに日亜化学にも取材の第一歩を印すことができた。やっと全貌がおぼろげに浮かび上がってきた。

中村氏はすでに何冊か本を出版していた。いずれも自分が如何に地方の会社で苦労したか、青色発光ダイオードは自分一人で開発したものにもかかわらず会社はそれを認めずに冷遇しているなどと、声高に批判するものばかりだった。一部のマスコミは、それに悪乗りして、彼を「悲劇の技術者」扱いする始末だった。

事業に携わったことのある人なら、企業が新分野に進出したり、新商品を開発するときには、物心両面での大きなリスクを覚悟することを知っている。日亜化学でも、青色発光ダイオードの研究・開発の陰には、小川英治社長の大英断があった。周囲の反対を押し切り、自宅まで担保に入れて資金を用意し、全面的なバックアップ体制をとっていたのだ。

そんなリスクを一顧だにせず、中村氏の主張を鵜呑みにしているメディアの横行に恥ずかしさすら覚えた。私たちのスタッフは阿南に飛んで、青色発光ダイオードの研究と開発に携わった若い技術者達からも、数回、何日もかけて、詳細に話を聞いた。いわゆる〝中村神話〟の虚構が、徐々に崩壊してゆくのを実感したものである。

青色発光ダイオードの特許権が日亜化学に帰属することは、平成一四年九月に東京地裁で決定した。その後、中村氏は、二〇〇億円という対価の支払いを求めて裁判を続けたが、平成一六年一月三十日、東京地裁は中村氏の言い分を全面的に認める判決を下した。

日亜化学はただちに東京高裁に控訴した。裁判の帰趨は予断を許さない。しかし、私たちは小川社長が率いる日亜化学と若い技術者集団の〝血と汗〟の結晶が、青色発光ダイオードを開発・成功させたと確信している。

その記録が本書である。一方的で誤れる報道の洪水に対して、この記録を「世紀の発明」の真実を語る唯一の書として発行することにした。

株式会社テーミス　伊藤寿男

青色発光ダイオード❖目次

はじめに

第一章 「賞賛」から「非難」へと一変した青色LED報道

第五章　開発の真実③　「ノーベル賞に最も近い男」に寄せられ始めた「疑問」

装丁――SILVER STONE
中野美樹

第一章

「賞賛」から「非難」へと一変した青色ＬＥＤ報道

世界を瞠目させた「世紀の発明」

「世界最高」の青色発光ダイオード

一九九三年一一月三〇日。この日、『日経産業新聞』の一面トップには、次のような華々しい大見出しが躍った。

〈青色ＬＥＤ、明るさ一〇〇倍〉
〈日亜化学、窒化ガリウム使う〉
〈世界最高　一月から量産〉

ここに登場するＬＥＤとは、Light Emitting Diodeの頭文字を取ったもので、日本語では「発光ダイオード」と訳される。発光ダイオードは電流を流すと発光する半導体素子の一つで、電気エネルギーを光エネルギーに変える変換効率がきわめて高く、かつ、一般的な白熱電球に比較しても「消費電力が少ない」「半永久的に使用できる」「小型化に向いている」などの利点を持っている。

現在、発光ダイオードは家電製品や店頭看板、道路案内板などの表示用の光源として多く使われており、ほんの少し身の回りに思いをめぐらすだけで、「ああ、あの光のことか」とピンと来る読者も少なくないはずである。

ただし、一九九三年当時、赤色や黄色、橙色、黄緑色に光る発光ダイオードはすでに登場していたが、青色に輝く発光ダイオードはいまだ開発されていなかった。いや、もう少し正確に表現すると、当時でも青色に光る発光ダイオードはあるにはあったが、光度は一〇ミリカンデラ前後と暗く、波長も四七〇ナノメートルと紫がかった青色をしていた。

ところが、『日経産業新聞』が報じた〈青色ＬＥＤ〉は、光度が一〇〇〇ミリカンデラと高光度で光り輝き、波長も四五〇ナノメートルと純然たる青色をしていたのである。

実は、当時、このように純然たる青色に高光度で光り輝く青色発光ダイオードについては、「今世紀（二〇世紀）中の開発はほぼ不可能だろう」というのが、日本の技術者、いや世界の技術者たちの一致した見方だった。しかも、開発に成功した日亜化学は徳島県阿南市に本拠を置くいわゆる地場企業にすぎず、まさに「小さな会社の世紀の発明」と呼ぶにふさわしい出来事だったのである。

この「世紀の発明」を可能にしたのは、新聞の見出しにも登場した「窒化ガリウム」という物質だった。

半導体素子である発光ダイオードは、たとえばガリウムリンなら赤色に発光するといった具合に、基となる物質によって光の色が違ってくる。紫がかった青色で、しかもほの暗くしか光らないそれまでの青色発光ダイオードは、シリコンカーバイドという物質を使用していたが、大半の技術者が目をつけてこなかった窒化ガリウムなる物質にあえて着目し、かつ、それを純然たる青色に高光度で光り輝く半導体素子にまで仕上げたところに、日亜化学の勝利の秘密があった。

当日の『日経産業新聞』も、そのあたりの事情を次のように伝えている。

〈蛍光体の製造で国内最大手の日亜化学工業（徳島県阿南市、小川英治社長）は明るさ千ミリカンデラの青色発光ダイオード（ＬＥＤ）を開発し、九四年一月から量産に乗り出す。他メーカーによる既存の市販青色ＬＥＤより約百倍明るく、世界最高。赤、黄のＬＥＤについては既に二千ミリカンデラ以上の製品が普及しており、これで赤、黄、青の光三原色で、明るく分かりやすいディスプレー表示に必要な千ミリカンデラ以上のＬＥＤがそろうことになる。青色ＬＥＤの高輝度化は難しいといわれ、国内外の電機・電子メーカーが開発を競っているだけに、関連業界の関心を集めそうだ〉

賞賛報道と売上倍増と

日亜化学による青色発光ダイオードの開発がいかにエポックメイキングな出来事であったかは、青色発光ダイオードの実用化や量産化、多目的化などを睨んだその後の数年の新聞報道が雄弁に物語っている。事実、目につくところをざっと列挙しただけでも、次のような大盛況ぶりを見せたのである。

〈信号機用の発光ダイオード　「青緑」を商品開発　徳島の日亜化学工業が成功〉（一九九四年四月一二日付『毎日新聞』）

〈明るさ2倍、価格3分の1　「青色LED」日亜化学がサンプル出荷　月産500万個体制へ〉（一九九四年一〇月一四日付『日経産業新聞』）

〈青色LED量産へ　日亜化学　新工場にライン移管〉（一九九五年三月一五日付『日経新聞』）

〈純緑色LED開発　明るさ黄緑の60倍　日亜化学工業　ディスプレーフルカラー化に弾み〉（一九九五年九月一九日付『日経産業新聞』）

〈DVD情報高性能読み取り　徳島のメーカー　半導体レーザー開発〉（一九九五年一二

月一三日付『読売新聞』）
〈日亜化学工業　ＬＥＤの生産体制整備　月１０００万個に今秋めど倍増　新工場建設、蛍光体を移管〉（一九九六年六月一三日付『日経新聞』）
〈白色ＬＥＤランプ　効率よく発光　製造コスト半分　日亜化学　色バランス維持　室内外照明にも〉（一九九六年九月一三日付『日経産業新聞』）
〈青色半導体レーザー　日亜化学が製品化　来年度ＤＶＤ進化に弾み〉（一九九七年七月一〇日付『日刊工業新聞』）
〈日亜化学　青紫色、実用化にメド　半導体レーザーＤＶＤで記憶容量7倍に　来年サンプル出荷　連続発振1万時間を突破〉（一九九七年一〇月三〇日付『日経産業新聞』）
〈ＬＥＤ　青・緑の光度50％向上　日亜化学省エネにも効果〉（一九九七年一一月一四日付『日経産業新聞』）
〈紫色半導体レーザー　日亜化学、実用化へ来月からサンプル出荷〉（一九九九年一月一二日付『日経新聞』）
〈日亜化学　ＬＥＤ生産体制強化　来夏メドに新工場棟〉（一九九九年一〇月二一日付『日経産業新聞』）

〈紫色半導体レーザー　高出力品を開発　日亜化学　次世代ＤＶＤ向け〉（二〇〇〇年六月二〇日付『日経新聞』）

当然のことながら、このような実用化や量産化や多目的化などの結果、当の日亜化学の業績も劇的に伸びていった。

事実、同社の年間売上高は、青色発光ダイオードの開発に成功した一九九三年が一六七億五〇〇〇万円だったのに対し、一九九四年は一七七億六〇〇〇万円、一九九五年は二〇五億五〇〇〇万円、一九九六年は二九三億八〇〇〇万円、一九九七年は三六二億四二〇〇万円（いずれも一二月決算）と、わずか五年で二倍以上にまで急増した。売上高から売上原価や販売費、管理費などの諸コストを差し引いた経常利益に至っては、一九九三年が六億九〇〇〇万円、一九九四年が一三億七五〇〇万円、一九九五年が二〇億七三〇〇万円、一九九六年が四七億五四〇〇万円、一九九七年が五八億五一〇〇万円と、倍々ゲームに近い伸びを見せたのである。

しかし、その当時、この降って湧いたような「急成長」が、その後、世間を騒然とさせる「大騒動」に発展するとは、関係者の誰一人として考えてはいなかった。

世間が驚愕した元社員の反乱

「提訴」で始まった日亜叩き

世界を瞠目させた「世紀の発明」からおよそ八年後の二〇〇一年八月二三日。この日の『朝日新聞』朝刊の一面トップには、次のような大見出しが躍った。

〈青色ＬＥＤ開発・中村教授　日亜化学を提訴へ　特許権「正当な報酬」要求　権利の帰属「確認を」〉

ここに登場する「中村教授」とは、日亜化学の元社員で青色発光ダイオードの開発に技術スタッフの一人として携わった中村修二氏のことである。中村氏は一九九九年一二月に入社から約二〇年間勤めた日亜化学を退社し、二ヵ月後の二〇〇〇年二月からカリフォルニア大学サンタバーバラ校の教授に就任していた。

中村氏が日亜化学を退社した本当の理由と背後の事情については第六章で詳述するが、とにかくその中村氏が世紀の発明たる青色発光ダイオードの開発に対する「特許権の帰属」

と「正当な報酬」を求めて古巣である日亜化学を提訴したのである。

朝日と日経は、「提訴へ」の予告記事をこの日の朝刊で報じたが、当日の夕刊各紙と翌二四日の朝刊各紙は、この事実を全国ニュースで伝えた。たとえば、二〇〇一年八月二三日付『読売新聞』夕刊は、「青色発光ダイオード　特許権確認求め提訴　開発者の中村教授　当時勤務の日亜化学相手」という四段抜きの大見出しで、次のように報じている。

〈青色発光ダイオード（LED）の開発者として知られるカリフォルニア大サンタバーバラ校の中村修二教授が二十三日、この技術の開発当時勤務していた日亜化学工業（徳島県阿南市）を相手取り、開発に対する正当な報酬として約二十億円の支払いなどを求めて、東京地裁に提訴した。（中略）訴状によると、特許権が中村教授にも帰属することの確認を求めており、日亜が青色LEDの販売などで得た収入のうち、約二十億円を中村教授の「正当な報酬」と位置づけている〉

即日、日亜化学側は「訴状を受け取っていないので何とも言えないが、当方に正当性があると信じている。正々堂々と応訴したい」とのコメントを発表したが、この件に関する日亜化学へのマスコミの風当たりは予想以上に厳しかった。事実、八月二四日付『日経産業新聞』は、〈「日亜の対応ひどい」〉との見出しで一面に中村氏へのインタビューを掲載したうえで、〈記者の目〉なる解説記事で日亜化学側を次のように非難している。

〈「スレーブ（奴隷）中村」。日亜化学時代、海外の学会で一躍注目を集めるようになった中村氏に対し、海外の研究者があまりにも少ない給料に同情をこめてつけたあだ名だ。米国の研究者がストックオプションなどで膨大な収入を得るのを間近で見て、中村氏が日本企業の報酬制度を「おかしい」と感じたのは不思議でない〉

「スレーブ以下」とまで主張して

中村氏を擁護し、日亜側を非難したのは、新聞だけではない。事実、雑誌は、「中村氏＝個人＝弱者＝善」対「日亜化学＝組織＝強者＝悪」という単純極まりない図式で、中村氏を悪に立ち向かう徒手空拳のヒーローに祭り上げた。なかでも日本経済新聞社と朝日新聞社は、自社の看板雑誌を総動員する形で日亜批判を大展開してみせたのである。

たとえば、『NIKKEI ELECTRONICS』九月二四日号は、前年の同一月三一日号のインタビュー「僕が会社をやめたわけ」に続き、「僕が会社を訴えたわけ」なるタイトルで中村氏の言い分を次のように紹介している。

〈（20億円請求しても1億円得られれば大勝利では、との質問に答えて）1億円なんて、全然眼中にない。中途半端な額ではダメ。金額が小さければ、負けたと同じです。皆がびっくりするような前代未聞の金額でないと意味がない。サッカーの中田選手や大リーグのイチロー選手があれだけ稼ぐのを見て、一番喜んだのが日本のスポーツ選手でしょう。（中略）僕が勝てば、技術者への刺激になる〉

朝日新聞社も、「世紀の大発明の値段は？　研究者冷遇に怒りの提訴」（『ＡＥＲＡ』九月三日号）、「開発者・中村修二氏激白　『日亜のスパイの影に参った』　裁判は技術者復権への革命だ」（『週刊朝日』九月七日号）などのセンセーショナルなタイトルを掲げ、中村氏の主張をほぼ全面的に受け入れる形で日亜側の姿勢を、次のように断罪している。

〈中村氏によると、特許に対する会社からの報酬は登録時と成立時に１万円ずつ。20年間の在職中に３００件以上の特許を出したが、あわせても数百万円だ。／99年12月に日亜を辞めた。最後の肩書は「窒化物半導体研究所長」。部下もいない一人職場で、年収は１５００万円程度。同僚と同じ年功序列で上がっていた。／ところが退社後、「スレイブ以下」（中村氏）の仕打ちが待っていた。昨年2月に渡米して間もなく、日亜の法務担当者が訪ねてきた。秘密保持契約にサインすれば退職金５０００万円を支払うという。契約書を読んで愕然とした。／「3年ないし5年間は、窒化ガリウムの研究も特許申請もしな

い」／当然、拒否した〉（『ＡＥＲＡ』九月三日号）
〈「（秘密保持契約書の一件を受けて）しばらくすると今度はスパイです。日本でいえば私立探偵ですが、大学の弁護士は、スパイが周辺調査をしていると言う。同僚の教授も、電話が盗聴されているかも、と心配する。それ以来、車のあとをつけられているんじゃないかとか、電話で話すときのノイズが気になったりとか、精神的にまいってしまったんです」〉（『週刊朝日』九月七日号）

ここに登場する「退職金」や「秘密保持契約書」の真相についてはやはり第六章で詳述するが、雑誌ウケするネタとはいえ、あまりにも一方的な「日亜叩き」がこれでもかといわんばかりに展開されたのである。

「ノーベル賞候補」の便乗本も

それだけではない。さらに、新聞や雑誌がこぞって作り上げたこれらの「世論」に便乗する形で、通称「中村本」と呼ばれる流行本の類も矢継ぎ早に刊行された。

そして、『怒りのブレイクスルー』（ホーム社）、『好きなことだけやればいい』（バジリコ）、『考える力　やり抜く力　私の方法』（三笠書房）、『21世紀の絶対温度』（ホーム社）

などの中村氏自身の著書に、『赤の発見　青の発見』（西澤潤一＋中村修二著、白日社）、『中村修二の反乱』（畠山けんじ著、角川書店）、『日本を捨てた男が日本を変える』（杉田望著、徳間書店）などの共著や第三者による著書を加えた、一種の「中村バブル」によって、当の中村氏は「ノーベル賞に最も近い男」と称されるまでに偶像化されていったのである。

その「ノーベル賞に最も近い男」は、「科学者の眼から見た現代の病巣の構図」との副題を付し、「病める『日本』」を憂えてみせた自著『21世紀の絶対温度』のなかで、古巣の日亜化学を次のようにこき下ろしている。

〈最終的に、なにを研究し、なにを製品化するかを決めるのは会社だが、研究者にモチベーションがなければ、いくら尻を叩いても画期的な発明などできない。半導体に関し、ほとんど知識のない社長や上司が、研究方針にまで口を出してくるのなら、私が会社にいる理由などない。いくら意見を上申しても、社長からの一方通行で押し切られてしまうのだ。／せっかく世界的なブレイクスルーを成し遂げても、成果は全て会社に取られてしまうのなら、苦労して研究する甲斐もない。そのとき私は四十五歳だった。定年まで十数年、そのまま会社にいれば、どれくらいの収入があるか容易に計算できる……〉

〈社長室には社長と専務がいた。「お世話になりました」と言うと社長は、「中村君には特別な退職金として、六千万円くらい用意できるんだが」と切り出した。その後、なにやら遠回しに「サインしてくれたら考えてもいい」と要求してくる。／特別退職金六千万円……。その額を聞いて正直、頭にきた。しかも秘密保持契約書へのサインと交換条件だと言う。冗談じゃない。そんな金、誰が欲しいかと思った。／だが、辞める間際に誰もケンカなどしたくない。内心の腹立たしさを隠し、答えを濁したまま、私は社長室を出たのである〉

青色ＬＥＤ報道は、中村氏による「提訴」を機に、日亜化学に対する「賞賛」から「非難」へとまさに一変したのである。

「真実」はいずれにあるのか

突如、ライバル会社の非常勤研究員に

二〇〇〇年二月にカリフォルニア大学サンタバーバラ校教授に転身した彼は、それから三ヵ月後の二〇〇〇年五月、ナイトレスがクリー社によって買収されると同時に、クリー社の子会社であるクリー・ライティング社の非常勤研究員に就任した。大学の教授と民間会社の非常勤研究員という二足の草鞋を履く生活が始まったわけだが、その後の一連の大騒動にさしあたるきっかけは、中村氏のこの行動にあった。

実は、一九九九年九月二三日、カリフォルニア大学サンタバーバラ校のスティーブ・デンバース教授が日亜化学を訪問し、講演を行っている。デンバース氏は中村氏のサンタバーバラ校入りを強力に薦めた人物である。

一九九九年一〇月一三日、ノースカロライナでSiC（炭化ケイ素。クリー社はSiC基板上に窒化ガリウムを成長させてLEDを製造している）関連材料の学会が開かれた際、それに出席した中村氏はクリー社幹部と食事をし、二〇万株のストックオプションの提示を受けている。

一九九九年一二月二七日に日亜化学を退社した彼は、早速デンバース氏らが設立した窒化物半導体デバイス開発のベンチャー「Nitres」（ナイトレス）にコンサルタントとして名を連ねたようである。

第六章でも詳述するが、このようにクリー・ライティング社とは、クリー社がナイトレス社を買収した二〇〇〇年五月、クリー社が照明器具向け光源の開発を目的に発足させた子会社のことだった。そして、日亜化学とクリー社とは、青色発光ダイオードの製造技術をめぐって以前から激しいライバル関係にあった。しかも、二〇〇〇年九月、クリー社とノースカロライナ州立大学は、青色発光ダイオードの原料となる窒化ガリウム系材料の製造方法に関する特許侵害で、日亜化学とニチア・アメリカ社などをノースカロライナ州東部連邦地裁に提訴していたのである。

■辞職から提訴までの流れ

1999年末	辞職
2000年	
2～3月	ナイトレス社が中村氏に株譲渡し、中村氏をコンサルタントに迎える
5月	クリー社がナイトレス社を買収 クリー社が子会社、クリーライティング社を設立 ナイトレス社の株がクリー社と同じ価値になる
9月	クリー社が米国で日亜化学を訴える
12月	日亜化学がクリー社と中村氏に反訴

二〇〇〇年九月と言えば、中村氏がクリー・ライティング社の非常勤研究員に就任して四ヵ月後の話である。加えて、すでに何度か指摘した「秘密保持契約書」の一件からも明らかなように、中村氏と日亜化学は、中村氏が日亜化学を退職する時点から青色発光ダイオードの製造技術をめぐる情報漏洩問題で揉め続けていた。そこで、中村氏のクリー・ライティング社入りを知った日亜化学は、そ

れから三ヵ月後の二〇〇〇年一二月、同社が保有する特許の侵害と企業機密の漏洩で、クリー社（現クリー・ライティング社）と中村氏などをノースカロライナ州東部連邦地裁に逆提訴したのである。

そして、米国を舞台にした一連の騒動は、それから八ヵ月後の二〇〇一年八月、ついに中村氏がこの逆提訴を受ける形で「特許権の帰属」と「正当な報酬」を求めて日亜化学を東京地裁に提訴するという、日本を舞台にした問題の大騒動へと発展していったのだった。

その後、クリー社側が日亜化学側を提訴していた裁判は、二〇〇二年一一月六日、両者が和解することで終結した。

しかし、日亜化学が中村氏らを逆提訴していたもう一方の裁判は、右の和解成立に先立つ二〇〇二年一〇月一〇日、日亜側の請求が棄却される形で終結した。中村氏が企業秘密を漏洩したとする日亜側が、その企業秘密を特定することができなかったというのがその主たる理由だが、後述する日本の「対米司法赤字」が雄弁に物語るように、読者はこの判決があくまでも米国の裁判所による判断であることをぜひ記憶にとどめておいてもらいたい。

さらに言えば、同じく第六章で詳述するように、そもそも中村氏には、ライバル会社に自分や情報を売り込むためにカリフォルニア大学サンタバーバラ校の教授に就任したフシすら感じられるのである。とすれば、大学教授への就任は本来の野心を悟られないための巧妙な隠れ蓑だったことになる。

「特許権の帰属」に敗退した中村氏

一方、中村氏が「特許権の帰属」と「正当な報酬」を求めて日亜化学を東京地裁に提訴していた裁判では、二〇〇二年九月一九日に下された中間判決で注目すべき判断が示された。すなわち、東京地裁は、中村氏が日亜化学に譲渡した特許の「相当の対価（正当な報酬）」については算定の余地があるとしながらも、「特許権の帰属」そのものについては中村氏側の主張を認めず、特許権はあくまでも日亜側にあるとの判決を下したのである。

即日、日亜化学は「原告の周到な作戦のもと盛んに行われた報道キャンペーンの状況下にありながら、正当な判決が下されたことに敬意を表するとともに、真実を堂々と主張するよう励ましていただいた多数の方々に心から感謝したい」とのコメントを発表した。

対する中村氏は、訴訟代理人弁護士を通じて「相当の対価の算定方法はこれから検討する」「多くの技術者にとって身近な問題になるだろう」などとコメントしたが、実は、この注目すべき中間判決を境に中村氏一辺倒だったマスコミ世論にも微妙な変化が現れ始めた。

この微妙な変化を考えるうえでは、「ノーベル賞に最も近い男」どころか、本当にノーベル賞を受賞してしまった田中耕一氏の存在も無視できない。田中氏はノーベル賞受賞後もそれまでと同じように島津製作所に勤務し、会社側が配慮した「正当な報酬」に対しても他人事のように恬淡としていた。田中氏のいかにも技術者らしいその人格と姿勢が、「多くの技術者」はもちろんのこと、世界中の人々の心を捉えたことは言うまでもない。

さらに言えば、東京地裁から「特許権の帰属」にノーを突きつけられた中村氏が、その後、「相当の対価」をめぐる争いのなかで、日亜化学に対する請求額を当初の二〇億円から五〇億円、五〇億円から一〇〇億円、一〇〇億円から二〇〇億円へとエスカレートさせていったことも、マスコミ世論に少なからぬ影響を与えた。早い話が、「多くの技術者のために立ち上がったなどとは言っているが、要するに中村氏はカネを手に入れたいがために裁判を起こしたのではないか」との疑念が頭をもたげ始めたのである。

しかし、そうは言っても、「原告の周到な作戦のもと盛んに行われた報道キャンペーン」の凄まじさに比べれば、それらの声は依然として小さいものにすぎなかった。したがって前述した「中村本」などのようにそれらの声を列挙することは難しいが、議論のバランスを取る意味からもここで一例を示しておく必要はあるだろう。

中村氏はたんなる「商売人」なのか

精神科医として知られる和田秀樹氏は、二〇〇二年一一月に上梓した著書『和田秀樹の愛国者魂』（太陽企画出版）の「知識社会の時代にどう国益を守るか」のなかで、中村氏の問題に触れてこう述べている。

〈中村氏が所属し、そこの金で研究していた日亜化学は中村氏を技術漏洩で訴えたが、日本のマスコミは優秀な研究者にひどいことをすると批判した。中村氏のペイはよくなかったかもしれないが、日亜化学ができっこないと言われていた研究に十分な研究費と施設を用意したのは事実であるし、中村氏以外にも熱意をもって、その研究に協力していたスタッフが日亜化学にもいたはずだが、それはないがしろにされた。（中略）中村氏個人の能力による研究のようにマスコミは書き、日本を捨て、アメリカに移った研究者はカリスマのようにもてはやされ、その土台を用意した企業はぼろくそに言われた〉

〈さらに、中村氏が日亜化学に、自分の技術に二十億円の補償金を要求した際に、これだけの技術者なのだから当然と喝采を集めた。もちろん、二十億円の金が中村氏に入ったときには、その四割くらいが税金としてアメリカの国庫に入るのである。／マスコミの対応を見ている限り、アメリカでいい研究をした日本人は、研究内容はすべてアメリカのものにされ、日本でいい研究をした日本人がアメリカに引き抜かれても、それを是認しているようにしか思えない。こんなことでは、知識社会の時代に国益が守れるわけがない〉

そして、このように論理展開したあと、和田氏は次のように結論づけている。

〈同様のことが次々と起こり、日本の研究者のアメリカからの引き抜きが当たり前のように起こり、それをいちいちマスコミが研究者の味方をしているようでは、日本の企業だってばかばかしくて、個人の研究や夢にお金をかける気になるまい。アメリカだって、一円の研究費（日本の企業のほうは何十億、何百億かかる上に失敗の可能性がある）を投じずに、成功した日本の研究者を個人レベルで一本釣りをすればいい（これなら億単位の金で済む上に失敗がない）のであれば、これほどコストがかからないやり方はない〉

つまり、和田氏は、中村氏のような行動は日本の国益に反するばかりか他の技術者のためにもならないと言っているのである。中村氏の主張とはまさに正反対の考え方だ。

ちなみに、先の中間判決以後、請求額の吊り上げとは裏腹に、当の中村氏の主張にも若干の変化が見られた。事実、『NIKKEI ELECTRONICS』二〇〇二年一〇月七日号では、「僕の本音は『早く終わりにしたい』」とのタイトルのもと、前述した同二〇〇〇年一月三一日号の「僕が会社をやめたわけ」や同二〇〇一年九月二四日号の「僕が会社を訴えたわけ」とはやや異なる心情をこう吐露している。

〈もし、高額な相当な対価が認められたらどうするか、これが悩ましい。弁護人は「法理論に納得できない」と息巻いているし、僕も納得できないから控訴するかもしれない。でもその一方で、早く終わりにしたいという気持ちもある。僕の本音は「もう、やめたい」。本業の研究に没頭したいんですよ〉

筆者の目には、この中村氏の発言は、「本業の研究に没頭したい」という研究者としての属性の発露というよりも、「カネを儲けたいのはやまやまだが、あまり派手にやりすぎると、世間から銭亡者と見られかねない」という商売人として属性の発露と映るのである。

青色ＬＥＤ開発の「真相」を求めて

第三の人物と論理のすり替えと

実は、筆者が中村氏を一方的に擁護し続ける一連のマスコミ報道に決定的とも言える違和感を抱くようになったのは、中村氏が日亜化学を訴えた直後の二〇〇一年九月一五日に中村氏自身が行った講演の抄録を目にしたからである。「どこまでも夢を追え」と題されたその講演で、中村氏はこう語っていた。

〈私が入った会社は中小企業でしたから、よい製品を開発しても、ネームバリューがないので売れません。売れないから、私の評価はよくないし、給料も上がりません。10年目にキレました。それで、会社の創業者である当時の経営者に直訴しました。それまで、研究するのに使っていたのは、１００万、２００万ですが、もうヤケクソになっていましたから、数億円使わせてくれと言ったんです。おまけに外国に1年間勉強しに行かせてくれと言いました。（中略）簡単にＯＫが出ました〉

〈帰ってきて青色発光ダイオードの研究をするんですね。（中略）私は、会社のルールはすべて無視でした。小さい会社なので、家族的で、一応ルールはあるんですけれども、無視してもクビになるようなところまでいかないんですね。大手企業だったらそうはいきません。（中略）（米国でも）会社が大きくなれば、ルールを作らないと統制できないんですね。だから非常識なトライをするとか、独創的な製品を作るのは、だいたいベンチャー会社が多いんです。（中略）成功する確率は一割なんですけれどね〉

「スレーブ中村」なる言葉を引っ提げて古巣である日亜化学に反旗を翻した元社員が、その直後に当の古巣をこのように礼賛してもいるのである。この矛盾した二つの事実を見るとき、筆者は米国教に洗脳されつつあった当事の中村氏を最終的にそそのかした何者かの影を想起せざるをえない。実際、中村氏は同じ講演で〈教育はやはり、アメリカがいいですよ。（中略）個性を伸ばす教育をして、できたら大学でベンチャー会社をやって、金儲けをして帰ってきて、日本で楽な生活をする。そういうのが理想ですね〉と語っている。

さらに言えば、中村氏自身もこの矛盾を放置しておくことはできないと考えたのか、その後、中村氏による日亜批判は経営者批判へと巧妙にすり替えられていった。事実、前出の『NIKKEI ELECTRONICS』二〇〇二年一〇月七日号でも、中村氏は一連の騒動を振り返って次のように念を押している。

〈それにしても、小川信雄会長にはお世話になりました。とにかく豪傑極まりない人だった。歯に衣着せぬというか、思ったことをバンバン口にしていた。今の時代、あんなことを女性の前でしゃべったらまずいんちゃうかなみたいなことまで。でも、そういう開けっ広げの性格は技術者に慕われるんです。好きなこと、何でもやらせてくれた。お金もドーンと出してくれたし。だからこそ、青色ＬＥＤの開発は軌道に乗れた。そう、あの人が一線から身を引いたら社内の雰囲気がガラリと変わりましてね。僕が会社を去ろうと思い始めたのも、それがきっかけでした。もしあの人が元気でぴんぴんしていたら、僕はまだ会社にいたかもしれませんね〉

ここに登場する「小川信雄会長」とは日亜化学の創業者にあたる小川信雄前社長のことで、この小川前社長が会長に退いた後、その娘婿にあたる小川英治氏が社長に就任した。

つまり、中村氏は小川英治社長の代になってから「社内の雰囲気がガラリと変わり、会社を去ろうと思い始めた」と言っているのだが、この指摘は前述した理由からやはり額面どおりには受け取れない。小川英治現社長が中村氏をいかに厚遇したかは第二章以降で明らかにするが、筆者としてはどう考えても後から付けた理屈としか思えないのである。

判決では見えてこない「真実」

違和感の原因はむろんこれだけではない。

読者は「司法赤字」という言葉を耳にしたことがあるだろうか。司法赤字とは、たとえば貿易赤字などの概念と同じように、日本の企業が海外の企業との民事裁判に負けて発生する赤字のことである。日本の司法赤字はＰＬ法（製造物責任法）の施行などによって拡大の一途をたどっており、日本の頭脳の海外流出とともに最近の企業経営者の大きな関心事になりつつある。もちろん、日本の司法赤字の最大の相手国は米国である。

事実、ジャーナリストの田原総一朗氏は、八人のパネリストによる討論を収録したブックレット『裁判が変わる　日本が変わる』（日本弁護士連合会等編、現代人文社）のなかで、司法赤字の問題にこう警鐘を鳴らしている。

〈アメリカで裁判をして、日本の企業がどのくらい勝っているか、聞いたんです。実はここに日弁連からもらったデータがありますが、それによると、たとえば、自動車産業では、サンプルとなった二〇四件の訴訟のうち、日本が勝っているのが一〇三件、負けたのが五〇件、全体として、日本の勝率が六三％と出ています。しかし、特許庁で聞いたかぎりでは、日本の企業がアメリカの企業に訴えられるのは、年間に二〇〇〇件以上ある。そして、そのほとんどが和解だといっています。ということは、本質的には日本の企業が負けているわけです。（中略）問題提起です〉

経済産業省や特許庁などの関係各機関も実態を把握できていないため、日本の司法赤字の規模を正確に示すことはなかなか困難である。ただ、日本の企業経営者の間では、日本の対米司法赤字はいまやたった一年で数年分の日本の対米貿易黒字を吹き飛ばしてしまうほどの規模に達しているとまで言われているのである。そして、その象徴とも言える出来事が中村氏をめぐる一連の大騒動だった。

前出の和田氏も、先の『和田秀樹の愛国者魂』のなかで、この問題を中村氏と米国にオーバーラップさせながらこう断じている。

〈アメリカでは個人の才能が重視され、優秀な研究者が優遇されるというが、それは自分が教授なりになって、自分の研究を自分の特許にできる立場になってからのことであって、それまでの間は横暴な教授やボスが、部下のやった研究を自分のもののようにすることは日常茶飯事だという〉

〈要するにアメリカという国は、日本での研究については個人のものであってアメリカが引き抜いていいが、アメリカでの研究については研究所のものであって、日本にもってくることは許さないというダブル・スタンダードをやっているのである〉

米国で目覚めた中村氏が古巣である日亜化学を訴えた裁判は、二〇〇四年一月に「相当な対価」に関する判決が言い渡された。その適否については第六章に譲りたいが、司法による裁定がすべての真実を明かすものでないことはいまさら言うまでもない。

この間、中村氏側が可能なかぎりのメディアを駆使して主張をアピールしてきたことは前述したとおりだが、一方の日亜化学側は最低限のコメント以外はかたくななまでの沈黙を守り通してきた。その日亜側を丹念に取材することで沈黙の意味を解き明かし、青色発光ダイオードの開発をめぐる真相を明らかにして、中村氏と日亜化学との間に展開された大騒動の真実に迫るというのが、本書に課せられた最大の使命と言っていい。

第二章　「沈黙」を破って語られ始めた日亜化学の「主張」

「同じ土俵には乗りたくない」

「ハンコ押しの繰り返し」は本当か

日亜化学工業は、創業者である小川信雄氏が先代の社長を務め、一九八九年に小川英治氏が社長を引き継ぐ形で現在に至っている。中村修二氏との関係で言えば、一九七九年に入社し一九九九年に退社した中村氏は、「小川信雄社長・小川英治専務時代」「小川英治社長時代」の各一〇年、計二〇年にわたって日亜化学に勤務したことになるが、日亜化学が青色発光ダイオードの開発に着手したのは一九八九年の「小川英治社長」時代である。なお、一九八九年以前から開発関係の予算はすべて「英治専務」に任されていたことを当時主任にすぎなかった中村氏は知らなかったはずである。

その中村氏が、雑誌のインタビューや「中村本」と呼ばれる流行本のなかで、「小川英治社長の代になって社内の雰囲気がガラリと変わり、そのことがきっかけで会社を辞めようと思い始めた」などと述べていることは、前述したとおりである。中村氏のこの言葉を真に受けた「捨て台詞ジャーナリズム」の久米宏氏も、自身がキャスターを務める『ニュースステーション』（テレビ朝日）で、「日亜化学（＝小川英治社長）は中村さんに足を向けて寝られませんね」などと言い放った。

一方、中村氏や中村氏に付和雷同したマスコミから槍玉に上げられた小川英治社長は、日亜化学が正式なコメント以外は一切のマスコミ取材を拒否してきたのと同様、かたくななまでの沈黙を貫き通してきた。そして、そのことがまた中村氏やその周辺のマスコミを一段と増長させる結果につながっていったのだが、中傷を泰然自若として受け流してきた小川社長が内心では憤懣やるかたない思いでいたことであろう。

実は、筆者がこの沈黙の意味について単刀直入に問うてみたところ、当の小川社長はただ一言、「（中村氏と）同じ土俵には乗りたくないからだ」と答えた。しかし、この間の小川社長の心情をよく知る日亜化学の四宮源市常務によれば、「小川社長には『黙っていても真実はいずれ明らかになる』との強い信念があり、雑音にいちいち反論していては中村氏と同じ穴の狢になってしまうとの認識があった。しかし、真実を誰よりも知る小川社長が中村氏の一連の言動に憤懣やるかたない思いを抱いていたことは間違いない」と言う。

みずからも技術者出身の小川社長は、たとえば「世界のホンダ」を築き上げた故・本田宗一郎氏がそうであったように、いかにも技術者らしい頑固一徹な面を持っている。質素にして華美なところがなく、自身についても決して多くを語らない。つい最近までボディに穴の開いた国産大衆車に乗り、いまなお築ウン十年のごくありふれた一軒家に住むという、「世界の日亜」から連想される華々しいイメージとはおよそかけ離れた、地味で控え目な素顔を持つ経営者なのである。

しかも、小川社長は、日亜化学に青色発光ダイオードの実用化へ向けた多額の資金需要が発生した際、個人保証まで付けて必要な設備投資資金を銀行から借り入れている。その意味では、同じ技術者出身でありながら、米国に渡って米国のための「研究者」となり、米国流の「商売」に励む中村氏とは次元を異にする人物と言っていいだろう。もともと、日亜化学は新しい技術で国内に新しい産業を興すことをモットーとしてきた企業であり、競合企業が次々と海外に進出していくなかで、あくまでも国内でのものづくりにこだわり続けてきた企業なのである。

そして、結論から先に言ってしまえば、中村氏や中村氏に同調するマスコミがこれでもかと言わんばかりに繰り広げてきた日亜バッシング、とりわけ小川社長に対するバッシングは、およそ根拠のない誹謗中傷だと断じることができるのである。

その例証ならいくらでも挙げることができるが、なかでも筆者を驚かせたのは日亜化学時代の中村氏の「出張記録」だった。

中村氏が「僕が会社を去ろうと思い始めたのも、それがきっかけでした」と語る「社内の雰囲気の変化」とは、これまでの中村氏の発言を総合すると、「自分のやりたいことができなくなった」ということらしい。事実、中村氏は自著『好きなことだけやればいい』のなかで、小川英治社長の代になってからの自分を次のように振り返っている。

〈部長待遇の主幹研究員にせよ研究所の所長にせよ、要するに仕事の内容は管理職であり閑職だ。管理職の主な仕事はハンコ押しである。机に座って回ってくる書類にハンコを押す。毎日毎日その繰り返しだ〉

特権的地位を謳歌していた中村氏

ところが、小川英治社長時代の実際の中村氏は、〈毎日毎日その（ハンコ押しの）繰り返し〉どころか、会社、すなわち小川社長から許可された特別待遇のスター技術者として、全国、いや全世界の学会や会議や講演などに飛び回っていたのである。しかも会社での仕事は共同研究者の実験データを勝手に使って論文にまとめることだった。そして、論文はすべて中村氏が筆頭者になっている。論文の筆頭者になることで著名人となり、大学教授のポストを得たり、ノーベル賞の話題をさらったり、各種高額賞金付の科学賞を受賞してきたのである。

事実、日亜化学に残る当時の中村氏の「出張記録」によれば、中村氏は一九九五年から一九九九年までの退社直前の五年間だけで合計六〇四日もの出張に出かけている。年ごとの内訳で見ても、一九九五年が年間九〇日、一九九六年が同一一八日、一九九七年が同一二四日、一九九八年が同一二二日、そして一九九九年が同一五〇日と、その活動は売れっ子文化人なみの華々しさである。

なかでも年間一五〇日を記録した退社の年は圧巻で、中村氏は年明け早々から次のような慌しさで全世界を練り歩いていた。

・一月二三日〜三〇日　アメリカ　Photonics West（レーザー関連の会議）出席
・二月一八日　東京　ソニー、Philipsとの打ち合わせ
・二月二七日〜三月六日　アメリカ　化合物半導体会議出席とＵＣＬＡ訪問
・三月一三日〜二〇日　東北大学、イギリス　ＩＭＲ会議出席、Royal Society会議出席、University of St. Andrews訪問

・三月二一日〜二二日　山口大学　電気学会講演
・三月二七日〜三一日　千葉　応用物理学会出席
・五月一二日〜一三日　大阪　豊田合成特許係争口頭審理出席
・五月一七日〜一九日　東京　次世代DVDセミナー出席
・五月二三日〜六月六日　アメリカ、ヨーロッパ　客先回り（レーザー関係）
・六月二四日　東京　SSDM'99プログラム委員会出席
・六月二七日〜七月一〇日　アメリカ、フランス　第三回窒化物半導体国際会議出席、EMC出席
・七月一二日〜一三日　東京大学先端技術研究所「青色発光デバイスと知的所有権との関係」で講演
・七月三一日〜八月八日　アメリカ　ICO会議出席、ELOG会議出席
・八月一四日〜一九日　アメリカ　窒化物半導体電子デバイス会議出席
・八月二六日〜二七日　大阪　ICL会議出席
・八月三一日〜九月四日　神戸　応用物理学会出席
・九月七日〜一二日　オランダ、ポーランド　Philips訪問、GaN結晶成長装置見学

・九月二〇日～二三日　東京　ＳＳＤＭ'99会議出席
・九月二五日～一〇月一日　アメリカ　ＩＬＳ会議参加、ＵＣバークレー訪問
・一〇月一一日～二四日　アメリカ、カナダ　ＩＣＳＣＭ会議出席、客先回り（レーザー関係）
・一〇月二八日～一一月一日　東京、大阪　窒化物会議出席、ＳＳＤＭ委員会出席、ＨＰＬ会議出席
・一一月七日～一二日　アメリカ　ＬＥＯＳ会議出席、ＵＣＳＢ訪問
・一一月一六日～一八日　茨城　サイエンスフロンティアつくば'99会議参加
・一一月二四日　東京　応用電子物性分科会出席
・一一月二七日～一二月五日　アメリカ　ＭＲＳ会議出席
・一二月一三日～一四日　京都大学　講演と打ち合わせ

もちろん、中村氏の出張には一般的な意味での社用もわずかながら含まれている。しかし、出張の目的の大半は学会や会議や講演であり、その結果、中村氏はスター技術者としての名声をますます高め、ついにはカリフォルニア大学サンタバーバラ校教授というスター研究者の地位を手に入れた。本田賞や朝日賞をはじめとする数多くの科学賞を受賞する

ことができたのも社員時代の国内外行脚があったからで、要するに「やりたいことができなくなった」などという主張は、まったく信用できないのである。

カネへの執着を正当化する米国思想

青色LEDで「一五億円の損失」

中村修二氏の主張を突き崩す例証は、いま指摘した「出張記録」だけではない。たとえば、中村氏が日亜化学に求めていた「正当な報酬」についても、金額の妥当性には客観的にも大きな疑問符が付いていた。中村氏は当初の二〇億円から五〇億円、五〇億円から一〇〇億円、一〇〇億円から二〇〇億円へと請求金額を吊り上げていったわけだが、この数字がいかに途方もないものであったかは日亜化学が裁判所に証拠として提出した、対価算定に関する「調査結果報告書」からも明らかである。

この調査結果は、新日本監査法人が日亜化学の帳票を経理原則に基づいて精査し、「特許権の相当の対価算定支援業務」の一環として算出したもので、特許法第三五条に定める特許権の相当の対価を算定することを目的に、当該特許関連製品が会社にもたらした利益または損失が弾き出されている。もちろん、「当該特許関連製品」とは青色レーザダイオード（青色ＬＤ）を含めた青色発光ダイオード（青色ＬＥＤ）開発に起因するすべての関連製品、「会社」とは日亜化学のことである。

調査ではまず、①中村氏が主張した対価算定対象期間（一九九四年度から二〇〇一年度まで）において当該特許関連製品が獲得した「当期利益累計額」、②対価算定対象期間以前に発生した「製品販売前研究開発コスト」、③対価算定対象期間末に会社が保有していた「研究開発用固定資産未償却残高」、④総資産から総負債を差し引いた自己資本への開発投資危険負担コストを示す「自己資本コスト」が、それぞれ次のように算定された。

①当期利益累計額　二三三億三八〇〇万円
②製品販売前研究開発コスト　五二億六三〇〇万円
③研究開発用固定資産未償却残高　七二億七九〇〇万円
④自己資本コスト　一二二億八六〇〇万円

そして、「調査結果報告書」は、①から②と③と④を差し引いた「当該特許関連製品が会社にもたらした損失の額」を一四億九〇〇〇万円と弾き出したのである。要するに、中村氏が主張した一九九四年から二〇〇一年までの八年間において、日亜化学は青色発光ダイオード開発に起因する関連製品で一二三四億円近くの当期利益を上げたが、そこから研究開発や設備投資などのもろもろのコストを差し引けば、実際には利益どころか一五億円近くもの損失が生じていたことになるのである。

小川社長が個人保証まで付けて設備投資資金を銀行から借り入れなければならなかった背景には、「売上急伸」「利益倍増」といった、いかにもマスコミ的なキャッチフレーズなどには浮かれていられないという、現実的かつ実体的な事情が存在していたのである。

あるいはまた、中村氏は自分が関わった特許に対する報酬が出願時一万円、登録時一万円の計二万円にすぎなかったことをあげつらい、日亜化学が自分をはじめとする技術者をいかに冷遇していたかを告発している。

しかし、立命館大学の安藤哲生、川島光弘の両教授が二〇〇二年に行った、研究開発や知的財産管理に積極的な国内一二〇〇社（大企業六〇〇社、中小企業六〇〇社）に対するアンケート調査では、「出願時では大企業、中小企業とも1万～2万円、登録時では大企業で5千円から1万円、中小企業で5千円未満がもっとも多い」という結果が出ている。

ノーベル賞を受賞した田中耕一氏の場合も一万一〇〇〇円（出願時六〇〇〇円、登録時五〇〇〇円）だったのだから、中村氏の二万円はむしろ標準以上の水準だったと言うこともできる。

しかも、中村氏が日亜化学を退社する際の年収（給与所得：四五歳）はおよそ二〇〇〇万円にも達していた。

この数字が他の同期入社の社員の年収に比較して、いや他の先輩社員の年収に比較しても、きわめて異例かつ破格であったことは言うまでもない。中村氏は「冷遇」どころか、相当の「厚遇」を受けていたのである。

■中村氏の加給金額

	加給分の金額
1989年	109
1990年	200
1991年	331
1992年	257
1993年	457
1994年	506
1995年	660
1996年	735
1997年	827
1998年	908
1999年	1,205
合計	6,195

（単位：万円）

さらに言うなら、上記の表は中村氏に支払われた給与のうちから、特別昇給、特別賞与に加えて、同年齢、同学歴の通常社員に比べて多く支払われた賞与等を合算したものである。これは、技術上のブレークスルーを行ったのは他の技術者であったが、LED開発テーマを提案したことに対する彼への対価であった。

つまり、日亜化学は中村氏が一九八九年から一九九九年に辞めるまでに、なんと六〇〇〇万を超える超過給与を報償として支払っているのである。すなわち、一九八九年から一九九九年の間に支払われた給与総額は一億二七〇〇万円（うち加給分六一九五万円）であり、これが一一年間の仕事に対する対価というのが正しいはずである。

ホンネは「金儲け」と「楽な生活」か

もっとも、中村氏は日亜化学の問題を発展させる形で、「日本では優秀な技術者に対する会社の評価が米国に比べて極端に低い」という趣旨の主張も展開している。しかし、ノーベル賞受賞後もそのまま島津製作所に勤務している田中氏は、二〇〇二年一二月五日付『朝日新聞』朝刊でのインタビューで、「研究意欲をかきたてられるものはなんですか」との質問に、「やっていて面白いということです。実際に病気の診断に役立っているなど、気持ちの上での充実感が重要で、報奨金などはどうでもいいほうです」と答えている。

もちろん考え方は技術者の数だけさまざまにあっていいが、筆者があらためて考えさせられるのは、ノーベル賞を実際に受賞した田中氏とノーベル賞に最も近い男と言われる中村氏との間にあるこの考え方の違いは、いったいどこから来るのかという点である。

実際、島津製作所が田中氏に自由な研究環境を提供してきたのと同じく、日亜化学もまた中村氏自身がマスコミに繰り返し語ってきたように「ルールに縛られないで自由に研究ができる環境」を提供してきたはずである。しかも、中村氏の場合は、長期にわたる在外研究、破格と言っていい研究開発費などのほか、学会に会議に講演にと特別待遇で全世界を飛び回る自由まで与えられていた。にもかかわらず、一方の田中氏は島津製作所に掛値なしの謝意を表明し、もう一方の中村氏は日亜批判を小川社長批判にすり替えてまで古巣をこき下ろし続けているのである。

筆者が思うに、中村氏がこうした言動を取り続ける底流には、中村氏自身のカネに対する執着とその執着を正当化する米国思想があるのではないか。もちろんこう考えるのは筆者だけではなく、たとえば東京大学名誉教授の関口尚志博士は第一八期日本学術会議技術移転研究連絡委員会の報告書に寄稿した論文「技術移転の経済文化史断章・再考」で次のような注目すべき指摘を行っている。

〈アメリカで「金儲けをし」「日本で楽な生活をする」ことを「理想」とする中村氏は、アメリカでは工学系大学教授の「ほぼ全員がコンサルタントなどを通じて利益を追求し」、企業も「優れた技術者を引き留めるために巨額のストックオプションを用意する」などと指摘し、そのアメリカ人がグローバルスタンダードで仕事をしない「日本のカイシャを心配している」と警告して、「プロ野球選手の実力社会を見習うべし」と説き、「会社を四〜五年ごとに辞める」つもりで「次に自分が高く売れるために」自分を磨けと忠告する〉

〈前節で引用したが、「経済的利益の優先を基礎科学の領域にまで際限なく適用すれば、科学者の本性であるアカデミックな精神までをゆがめ、科学のもつ知的な魅力を失わせ、ついには科学の進歩を阻害する」（伊藤正男・元日本学術会議会長）。（中略）カネ、モノ、ヒトの全てに絡んで、膨大な研究開発リスクが存在するが、そのリスクを負担するのは社員でなく会社である。失敗すれば泡沫と消えるが、失敗を恐れず研究者の意欲を引き出し尊重する。そこに会社の役割がある。だから、発明者個人に支払われるべき「相当な対価」は、イチローの高収入とはいささか事情を異にしているのではあるまいか〉

しかも、中村氏が「金儲け」と「楽な生活」のための踏み台にした日亜化学は、徳島県阿南市に本拠を置くいわゆる地場企業なのである。こうした地場企業が地域の安定雇用と日本の最先端技術を支えていることは言うまでもなく、グローバルスタンダードに名を借りた身勝手極まりない米国の対日侵略が今後も続けば、日本の社会と経済は根底から崩壊してしまうだろう。前出の関口博士も先の非公式報告書をこう結んでいる。

〈国民の多くは「日本の技術者・サラリーマンにもアメリカンドリームを」という中村氏の理想に共感するが、しかし、一方、「地方発のユニークな世界ベンチャー企業の育成・発展こそ二一世紀の日本に欠かせない」という少数派の立場にも耳を傾けるべきであろう。研究者の「知的財産」権も大切だが、地方の誠実で有能な「もの作り」型・「技術者」型中小企業の育成が重要だからである〉

みずからを「天才」と豪語して

「歪んだ学歴コンプレックス」の影

実は、日亜化学の小川社長は先に紹介した「(中村氏と)同じ土俵には乗りたくない」との言葉に続けて、「(中村氏の問題は)最終的には教育の問題に帰着する」とも語っている。中村氏もまた複数の自著のなかで日本の教育のあり方についての持論を展開してきたが、小川社長が「教育」という言葉をいみじくも口にした裏側には、そんな中村氏に対する皮肉の意味も多分に込められている。

たとえば、中村氏は自著『怒りのブレイクスルー』のなかで、かならずしも一流大学とは言えない徳島大学の出身者である自分がいかに独創的で天才的な技術者であったか、あるいは研究者であるかを、日本の教育制度や企業風土を批判しつつこう述べている。

〈徳島大学に入学したころから、私はまるで怨念のように大学入試に代表される日本の教育制度というものを憎悪してきました。（中略）私が、なぜこれほどまで日本の大学入試制度を憎んでいるのかと言えば、それが「人間の個性と可能性を窒息させているシステム」だからです。（中略）教育とは本来、その人間の能力や才能、得意分野をより伸ばしてくれるものであるはずです。（中略）暗記などは、コンピュータにでもやらせておけばいいのです〉

〈前の会社の半導体部門の開発担当者は、ずっと私ひとりでした。約十年の間、蛍光体専門メーカーである日亜化学には、半導体に詳しい人間がひとりもいなかったのです。（中略）しかし、ひとりきりだったから、研究テーマを決めるときも、素材を選ぶときも独断専行できました。（中略）独創的な個人というのは、この世界にたくさんいます。ひとりの天才が革新的な偉業を達成し、企業を興したり歴史を変えたりすることもあるのです。／社会には、こうした「独創的個人」や「ひとりの天才」を生み出すことも必要にな

ってきます。しかし、今の日本からは、もう生まれてこないでしょう〉

まずは耳あたりのいい「正論」をぶち上げておいて、そこから一気に他者批判や自己礼賛へと突き進んでいくというのが、中村氏の論理展開の顕著な特徴である。

この場合も日本の教育制度や入試制度を批判したところまではあるいは「正論」と言えるかもしれないが、だからと言ってたとえば自分が東京大学のようないわゆる一流大学にはあたらない徳島大学の出身であるという事実を覆すことはできない。ましてや自分一人だけで青色発光ダイオードの開発を成し遂げたと主張したり、その自分が「独創的個人」どころか「ひとりの天才」であるとまで豪語したりするに至っては、小川社長ならずとも皮肉の一つも言いたくなって当然である。

実際、普段は多くを語らないさすがの小川社長も、中村氏のこのような大言壮語に対しては次のように苦言を呈している。

「自分一人で実現したという青色LEDに関する発明は、多くの技術者の創意と工夫がなければなしえなかったものだ。しかも、特許はあくまでも特許にすぎず、そこから新たな製品を生み出していくには、それこそ特許以上の創意と工夫が必要になってくる。さらに、そうして生み出された新たな製品が会社の利益として結実していくには、販売や営業や調達といったありとあらゆる部門の努力も不可欠だ。それを、一人の技術者が『すべては自分のおかげだ』などと言い出したら、会社そのものが成立しなくなる。みんなで力を合わせ、みんなで分かち合うという、よき日本人の心はどこへ行ってしまったのか」

むしろ、歪んだ学歴コンプレックスは、みずからを「天才」などと豪語する中村氏にこそあてはまることではないのか。

「世紀の発明」ではなく「世紀の発見」

米国流のグローバルスタンダードが幅を利かせ始めた最近の日本では、社員の技術者が会社の売り上げにどれくらい貢献したかを示す「寄与率」あるいは「貢献度」なる裁判用語までが登場している。寄与率や貢献度は裁判所が判断するが、実際には客観に耐えうる計算方法が存在せず、裁判所も頭を抱えていると言われている。しかも、仮に技術者に対する論功行賞の上限を一億円とする社内規定を設けたとしても、技術者が納得しなければ堂々めぐりの訴訟に発展して、問題は永遠に解決されないのである。

中村氏から訴訟を起こされた小川社長も、先の苦言に続けてこう語っている。

「会社はものにならないリスクを承知で多額の研究開発費を投じ、かつ、給料を払いながら社員にできるかぎりの勉強の機会を与えていく。したがって、ものになったとたんに大声で所有権を主張し始め、あげくには自分の身の回りだけの計算で対価を求め始めるという姿勢は、理屈の点から言っても倫理の点から言っても承服できない。幸運にも利益が出た場合には、それを新たな研究開発のために再投資し、同時に税金という形で社会に還元していくという、利益の再配分の思想がなければ、日本は本当にだめになってしまう」

小川社長のこうした考え方は、日亜化学の技術開発の伝統と無縁ではない。

実は、みずからも技術者の出身である小川社長は経営トップとしての自分の立場を「職人集団の職長」と表現している。その小川社長によれば、日亜化学の技術者は、むかしもいまも、いい意味での「田舎の職人」なのだという。つまり、一流大学出身の学者や研究者がなんと言おうと、そんなはずはないと考えるところから始める職人集団であり、だからこそ「世紀の発明」も可能になったというのだ。「理論どおりにやっていたら絶対に実現しなかった」というわけである。

こうした独特の技術者魂が中村氏ですら認めざるをえなかった「自由な研究環境」に支えられてきたことは言うまでもない。事実、小川社長は、ほとんどものにならないと思われる研究に対しても、技術者が望めば可能なかぎりゴーサインを与えてきたし、研究のための資金の提供も惜しまなかった。必要とあらば、大阪大学や東北大学、さらにはカリフォルニア工科大学やアリゾナ大学などへも技術者を留学させ、「田舎の職人」に武者修行の経験を積ませてきたのである。

当の小川社長は「職人といえども学問は大切。基礎知識を身に付け、自分の幅を広げることは、その後の研究の肥料になる」とさらりと言ってのけるが、前出の四宮常務によれば「自由な研究環境づくりのためには時に社内の猛烈な反対を押し切らなければならない場面もあった」というから、やはり「職人集団の職長」を自任する小川社長なくして「世紀の発明」は語れないと言っていい。

しかも、である。その小川社長は、世界を瞠目させた「世紀の発明」について、次のような興味深い事実を口にしている。

「サイエンスは自然を相手にしているため、人間の予測を超えた偶然に左右される。『世紀の発明』と言われる青色発光ダイオードの開発にしても、窒化ガリウムという物質に着目し、それがついに青く発光するまでには、いくつもの幸運な偶然が必要だった。その意味では、『世紀の発明』ではなく、『世紀の発見』と言ったほうがいいかもしれない。いずれにせよ、技術者、とりわけサイエンスの分野に携わる技術者は、天を畏怖し、天に感謝する敬虔さを決して忘れてはならない」

職人魂を持つ多くの個性的な技術者、リスキーな挑戦を可能にする自由な研究環境、そして天恵とも呼ぶべき幸運な偶然の重なり。要するに、青色発光ダイオードの開発はこれらの条件のどれ一つが欠けてもなしえなかった「世紀の発見」であり、ましてやみずからを「天才」などと呼ぶたった一人の技術者の力では絶対に不可能だった話なのである。

では、小川社長が「世紀の発見」と語り、中村氏が「自分の発明」と主張する青色発光ダイオードの開発は、具体的にはどのようなプロセスを経て可能になったのか。

「部分」を「全体」にすり替える論理

青色ＬＥＤ・ＬＤ開発の「三段階」

前述したように、中村氏が日亜化学に求めている「正当な報酬」の対象は、青色発光ダイオードはもちろんのこと、その後の青色レーザーダイオードにまで及んでいる。期間で言えば青色発光ダイオードが販売された一九九四年から、二〇一〇年までの一六年間にもわたっており、要するに「青色発光ダイオードが開発されなかったら青色レーザーダイオードも開発できなかったのだから応分の報酬を寄こせ」という論法である。

そして、最も重要な技術開発のプロセスとして見た場合、中村氏が主張する「正当な報酬」の範囲はおおむね次の三つの段階に大別することができる。すなわち、第一段階にあたる「青色発光ダイオードの開発段階」、第二段階にあたる「青色発光ダイオードの事業化段階」、第三段階にあたる「青色レーザーダイオードの開発段階」の三つの段階である。

ちなみに、現在は第四段階である「青色レーザーダイオードの事業化段階」への過渡期にあたっているが、中村氏はこの第四段階以降の一部についても二〇一〇年までの「予備的請求」として「正当な報酬」を主張している。やはり「青色発光ダイオードの開発なかりせば」という論法によるものだが、真実を明らかにするという本書の目的からすれば第三段階までの検証で十分だろう。

そこでまず、読者の理解を助けるために、各段階の概略を俯瞰しておきたい。

①青色発光ダイオードの開発段階

第一段階にあたるこの段階は、日亜化学が窒化ガリウムという物質に着目し、この物質を青色に発光する半導体素子に仕上げ、さらに工夫を加えて高輝度の鮮やかな青色に発光する半導体素子に仕上げるまでのステップである。時期で言えば、ちょうど「世紀の発明」との新聞報道がなされた一九九三年までの期間にあたる。この第一段階で活躍したおもな技術者には、中村修二氏、妹尾雅之氏、岩佐成人氏、向井孝志氏、長濱慎一氏、小山稔氏、四宮源市氏、岸明人氏、板東完治氏、谷沢公二氏、山田元量氏、山田孝夫氏、清水義則氏、野口泰延氏などの面々がいる。

②青色発光ダイオードの事業化段階

第二段階にあたるこの段階は、半導体素子に仕上げるための装置を内製化して青色発光ダイオードの量産化を確実なものにすると同時に、大型ディスプレイや交通信号、液晶用バックライトなどの光源として事業化を展開していったステップである。時期で言えば、第一段階を受けた一九九三年から一九九四年にかけての期間にあたる。この第二段階で活躍したおもな技術者には、村田隆氏、武田謹次氏、海野育陽氏、末永良馬氏、光山洋一氏、坂東正士氏、多田津芳昭氏、永井芳文氏、永峰邦浩氏、森正義氏、米田秀昭氏、大黒弘樹氏、六車修二氏、森口敏生氏などの面々がいる。

③青色レーザーダイオードの開発段階

第三段階にあたるこの段階は、半導体素子や電極材料などにさまざまな創意と工夫を加えて、青色発光ダイオード（ＬＥＤ）から青色レーザーダイオード（ＬＤ）を開発していったステップである。時期でいえば一九九四年から一九九五年までの期間にあたるが、現在もなお第四段階（青色レーザーダイオードの事業化段階）への過渡期にあるという点では、一九九六年以降も第三段階は続いていると言うこともできる。いずれにせよ、基礎的な開発に成功した一九九五年までの第三段階に活躍したおもな技術者には、長濱慎一氏、向井孝志氏、妹尾雅之氏、松下俊雄氏、岩佐成人氏、山田孝夫氏、杉本康宜氏、佐野雅彦氏、清久裕之氏、小崎徳也氏、梅本整氏などの面々がいる。

そして、青色発光ダイオードの開発というすべての出発点にあたる第一段階は、さらに次の三つのステップに細分化することができる。

①窒化ガリウム（GaN）なる物質に着目し、公知技術の「ツーフロー」を応用した結晶が名城大学の赤崎勇教授のレベルに追いついたステップ（中村氏が実験に参加していた時期）

②「アニーリング」と呼ばれる熱処理によって、青色ＬＥＤに不可欠な「p型窒化ガリウム」の技術を確立したステップ

③窒化ガリウムにインジウム（In）を加えた窒化インジウムガリウム（InGaN）という化

合物の結晶の成長実験を繰り返しつつ、高輝度で純然たる青色に発光する「ダブルヘテロ構造」の青色ＬＥＤの開発に成功したステップ

「ワン・オブ・ゼム」にすぎなかった中村氏

ここに登場するテクニカルターム（技術用語）の意味については第三章以降にひとまず譲るとして、ここでは「ｐ型窒化ガリウム」などのカギカッコで示した、②以降のどの技術が欠けても青色発光ダイオードの開発は絶対に不可能だったという点だけをしっかりと頭に入れておいてもらいたい。

そのうえで読者にぜひ注目してもらいたいのは、先に俯瞰した青色発光ダイオードの開発から青色レーザーダイオードの開発へと至る各段階において、「中村修二氏」の名前が「活躍したおもな技術者」のなかにたった一度しか登場していない点である。事実、中村氏の名前は第一段階にあたる「青色発光ダイオードの開発段階」にしか登場していない。

実は、本章の前半でも一部指摘したことだが、日亜化学が青色発光ダイオードの開発に成功した一九九三年以降、中村氏は学会に会議に講演にと全国、いや全世界を飛び回るのに忙しく、事実上、一九九三年以降の技術開発にはほとんど携わっていないのである。こ

こで中村氏が使った技は、他人のデータを集めて自らを筆頭者として発表することであった。中村氏は一九九四年に部長待遇の主管研究員、一九九八年に取締役待遇の窒化物半導体研究所長に昇進しているが、なるほど中村氏自身が「毎日毎日、ハンコ押しの繰り返しだった」と述懐しているように、国内外行脚に出かける以外はハンコを押すだけの管理職だったのである。

しかも、「活躍したおもな技術者」として中村氏の名前が唯一登場する第一段階ですら、中村氏の活躍はきわめて限定的なものでしかなかった。要するに、この第一段階で中村氏が実験的に製造した窒化ガリウム結晶は並の品質でしかなく、長年この分野でねばり強く研究を続けてきた名城大学の赤崎勇教授（現在）の研究成果にやっと追い付いた程度であった。また、全体から見れば青色発光ダイオード開発の通過的技術の一つにすぎず、未だ解決すべき課題は山積していた。しかもそれらの山積した課題は中村氏以外の人によって開発されていったのである。

事実、中村氏が裁判でその帰属を主張した「四〇四特許」は、第一段階を細分化した先の説明のなかの「ツーフロー」という公知の技術でしかない。逆に言えば、それ以外の「アニーリング」や「p型窒化ガリウム」や「InGaN」や「ダブルヘテロ構造」などの真に重要な技術は、中村氏以外の妹尾雅之氏、岩佐成人氏、向井孝志氏、長濱慎一氏などの手によって開発、実用化されたものなのである。しかも、その唯一の「四〇四特許」ですら、東京地裁は中村氏への特許権の帰属を認めず、日亜化学に帰属すると判断したではないか。

にもかかわらず、中村氏は前述したように自著『怒りのブレイクスルー』のなかで〈前の会社の半導体部門の開発担当者は、ずっと私ひとりでした〉などと誤解を招く主張を展開してみせたほか、共著『赤の発見　青の発見』では次のように当時の日亜化学の開発方針を大いに愚痴ってみせたのである。

〈会社は論文発表禁止なんです。すべてマル秘だって言うんです。これまでのこともあったし、アメリカであたまにきたこともあったので、こっそり論文を出すことに決めたんです、窒化ガリウムについては。論文はこっそり、会社経営陣の意向は無視、ということで行こうと決めました。ツーフローMOCVDができて世界一のデータが出てから、論文は年に五編ずつくらい出していきました〉

当時、日亜化学が技術者による論文の発表を禁止していたのは、開発した技術が公知になって特許申請が不可能になってしまうことを恐れたからである。中村氏はそうならないために〈それぞれ（の論文）に五件くらいのパテントを出して行きました〉とも述べている。

中村氏のこうした言動が天をも恐れぬ夜郎自大ぶり、傍若無人ぶりに見えるのは、はたして筆者だけの話だろうか。

第三章　開発の真実①　「ブレイクスルー」ではなかった「ツーフロー方式」

「ツーフロー方式」誕生の真実

業界で有望視されていた「窒化ガリウム」

実を言うと、今回、筆者が日亜化学を取材するにあたって、小川英治社長は「特定の個人を攻撃する目的なら応じられない」と念を押した。小川社長の言う「特定の個人」が中村修二氏を指していることは明白だが、もとより取材の目的は「真実」を明らかにすることにある。結局、筆者は一〇人以上の日亜化学の技術者から、長時間にわたって話を聞く機会を得たが、前述した「（中村氏と）同じ土俵には乗りたくない」という言葉とともに、あらためて小川社長の決然たる姿勢と信念を突き付けられた思いがしたものである。

とはいえ、発明から一〇年、提訴から二年を経過した「真実」を明らかにするためには、やはりもう一方の当事者である中村氏にまったく触れないというわけにはいかない。第一章と第二章で中村氏と日亜化学との対立点、なかでも取材を通じて感じた中村氏側の矛盾点を指摘したのもそのためだが、実は筆者が本書の読者に本当に知ってもらいたいと思っているのは、本章以下の開発をめぐる真相である。開発の真相こそ、すべての「真実」を明らかにする事実だと考えるからだ。

実は、青色発光ダイオードという「世紀の発明」を可能にした窒化ガリウム（GaN）なる物質は、そもそも日亜化学の技術者だった中村氏が初めて着目した物質ではない。

事実、窒化ガリウムが青色発光半導体の材料として有望であるという事実は、米国のパンコフ（Pankove）博士によって早くから発表されていた。中村氏が日亜化学に入社した一九七九年当時の日本においても、名城大学の赤崎勇教授や電子技術総合研究所の吉田貞史博士、日本電信電話公社（当時。現ＮＴＴ）の松岡隆志博士などの研究グループが窒化ガリウム系の研究を進めていた。なかでも、赤崎教授の研究は氏の松下電子工業勤務時代から続けられていたものであり、氏のライフワークとまで言われていたのである。

ただし、当時の多くの技術者や研究者が青色発光半導体の材料として注目していたのはセレン化亜鉛（ZnSe）という物質であり、窒化ガリウムについてはいくつかの論文が発表されてはいたものの、主流をなす研究対象とは言えなかった。ほかでは、第一章で指摘したシリコンカーバイド（SiC）という物質も研究の対象とされていたが、窒化ガリウムと同じくやはり主流をなすものではありえなかった。ちなみに、セレン化亜鉛については、米国のスリーエム社が一九九一年に世界初のレーザー発振に成功して大きな脚光を浴びている。

日亜化学におけるガリウムとの縁は一九八〇年代に始まるが、その主たるきっかけとなったのは次の二つの出来事だった。

一つは、一九八〇年代初頭に住友化学からガリウム（Ga）系メタル（金属）の製造加工委託を受け、これを機に東芝や松下電子工業への高純度ガリウムメタルの納入が始まり、次第に半導体技術者との交流が盛んになっていったことである。同時に、「蛍光体」というわゆる「光もの」を主力製品としてきた日亜化学は、電気エネルギーを光エネルギーに変換する半導体に早くから注目しており、開発の糸口を開くために以前から半導体の材料となるガリウム系メタルの製造加工技術の開発に取り組んできたというバックボーンもあった。

たまたまお鉢が回ってきただけの中村氏

もう一つは、半導体技術者との交流が盛んになるなか、一九八四年になって松下電子工業（当時）の古池進氏から「ガリウムヒ素（GaAs）の液相結晶成長法の手ほどきをするからやってみないか」との申し出があったことである。液相結晶成長法とは半導体の材料となる物質の結晶を成長させる方法の一つだが、ガリウム系光半導体の製造加工技術を学ぶ千載一遇のチャンスと考えた日亜化学では申し出を受けることになった。そして、中村氏が登場するのも実はここからの話なのである。

この試みには、日亜化学の清水義則氏、久野修一氏、中村修二氏、高木宏典氏らの技術者がまず参加し、後に向井孝志氏、岡部伸二氏らの技術者も先発のメンバーに加わった。なかでも向井氏の実験への取り組みは凄まじく、その猛烈ぶりはいまなお社内の語り草になっているほどである。その後、液相結晶成長法の技術開発は高木氏らの技術者に引き継がれ、日亜化学は通信用途の高性能ガリウムヒ素の事業化に成功している。

小川社長は「このときの経験が後の結果（世紀の発明）を生む原点となった」と語っている。要するに、「原点」での中村氏は試みに参加したメンバーの一人にすぎず、かつ、このときに獅子奮迅の活躍を見せたのは中村氏ではなく、向井氏をはじめとする高木氏や岡部氏などの他の技術者だったのである。

ところが、古池氏の打診から三年が経過した一九八七年、今度はフロリダ大学に招聘されていた徳島大学の酒井士郎助教授が日亜化学を訪れ、液相結晶成長法に対する気相結晶成長法の優位性を力説すると同時に、「フロリダ大学で誰かにこの方法を勉強させてみてはどうか」と持ちかけてきた。やはり千載一遇のチャンスと考えた日亜化学では、液相実験組とは別グループにいた板東完治氏に白羽の矢を立てた。しかし、板東氏が英語にあまり堪能ではなかったこと、さらに酒井氏からの強い勧めもあったことから、中村氏にお鉢が回ってきたというわけである。

つまり、もし板東氏が英語に堪能で、板東氏がフロリダに行っていたとすれば、その後の展開はまったく違ったものになっていたはずなのである。中村氏は日亜化学では自分だけが気相結晶成長法の研究に注目していたように語っているが、実際には以上のような経緯をたどることでたまたま中村氏に仕事が引き継がれたにすぎなかったのである。

結局、中村氏は一九八八年四月から翌一九八九年三月までの一年間をフロリダ大学で過ごし、酒井氏から気相結晶成長法に関する基礎を学んだ。一方、日亜化学では中村氏の帰国に合わせてMOCVD（Metal Organic Chemical Vapor Deposition＝有機金属気相成長法）装置と呼ばれる気相結晶成長装置の導入準備が進められ、酒井氏の指導のもと付帯装置や実験室などの整備も急ピッチで進められた。

そして、一九八九年四月に帰国した中村氏は、三年前に新築された第一研究棟六階の実験室に場所を得て、ガリウムヒ素の気相結晶成長実験を試みながら、同年九月までMOCVD装置の調整を続けたのである。

四〇四方式の「ツーフロー」は工業的に無効だった

中村氏が窒化ガリウムの気相結晶成長の実験を開始したのは、装置の調整が一段落した一九八九年一〇月のことだが、窒化ガリウムをはじめとするガリウム系光半導体が、日亜化学の以前からの研究対象であったことは前述したとおりである。しかも、実験はMOCVD装置のヒーターの腐食やパワーの不足などに阻まれてさしたる進展を見なかった。つまり、このときからMOCVD装置をいかに改良するかが、日亜化学にとっても中村氏にとっても、当面する最大の課題となったのである。

そんななか、一九九〇年三月末に開かれた応用物理学会に出席した中村氏は、東北大学の御子柴宣夫教授らが行った研究発表に触れ、MOCVD装置改良の大きなヒントを得ることになる。事実、中村氏はこのときに得たヒントをもとにMOCVD装置の改良を続け、この年の九月に「ツーフロー方式」と呼ばれる気相結晶成長法を開発し、窒化ガリウムの結晶成長を成功させた。入社から一一年余、このとき中村氏は三六歳になっていた。

ツーフロー方式は原料ガスを横から流して上から不活性ガスを吹き付けて結晶を成長させる方法で、二つの方向からガスを流し込むことから「ツーフロー」と中村氏が名付けた。中村氏が裁判でその帰属を主張した「四〇四特許」とは、この「ツーフロー方式」のことにほかならない。

しかし、特許権の帰属を求めた中村氏の主張は中間判決で見事に退けられたほか、一九九〇年当時、ツーフロー方式そのものはＭＯＣＶＤを含むＣＶＤ分野の公開特許公報に記載されていた。新たな発明などと言える状況には全くなかったので、なぜ特許になったのか理解できない特許である。

しかも、それから数年の間、ツーフロー方式は装置の不安定さや歩留まりの低さなどに阻まれて、事実上、工業的に有効な技術にはなりえなかった。実際、ツーフロー方式で発光ダイオードを製造しようと試みた後続他社はいずれも成功せず、別の手法で開発したので日亜化学のライバル社が出現するまでには早くて三年、遅くて八年という歳月を要したのである。

大阪府立大学の森本恵造先生やソニーの池田昌夫工学博士も追試を試みたが、いずれも失敗して使えなかったとの意見書が被告側から提出されている。

いや、それだけではない。実は、中村氏が特許権の帰属を求めたツーフロー方式は、その後、世界中どこからも興味を示されなかった。当の日亜化学ですら採用されなくなった。現在、日亜化学が採用しているMOCVDは中村氏以外の技術者が開発した全く別の方法であり、その技術は公開の特許ではなく門外不出のノウハウとして保有、管理されているのである。

要するに、中村氏が主張するツーフロー方式は、多数の公知技術の真似にしか過ぎない。なぜ特許なのか判らないものであり、結晶も不完全なものだったのである。その点については中村氏自身も十分に認識していたものと思われ、その後、中村氏はMOCVD装置にさらなる調整を加えつつ、窒化ガリウムの結晶性の改良に取り組んでいるのである。

窒化ガリウムの結晶は人工結晶であるサファイアの基板上で成長させる。ところが、サファイアと窒化ガリウムは結晶を構成する格子定数に大きな差があるため、良質の窒化ガリウムの結晶がなかなか成長しにくいという難点があった。そこで、サファイア基板と窒化ガリウム結晶の間にバッファ層と呼ばれる薄膜をいかに形成し、窒化ガリウムの結晶性をいかに高めるかが、当時の技術者や研究者の大きな関心事となっていた。

そして、ツーフロー方式による窒化ガリウムの結晶成長に成功してから四ヵ月後の一九九一年一月、窒化ガリウムの結晶性の改良に取り組んでいた中村氏は、サファイア基板と窒化ガリウム結晶の間に窒化ガリウム薄膜結晶のバッファ層を形成することに成功する。しかし、このバッファ層技術もまた、ツーフロー方式と同様、この分野では既知と言っていい技術にすぎなかったのである。

「p型化アニール」を成功させた技術者

中村氏は否定的かつ消極的な態度に終始

事実、中村氏のこの成功に八年も先立つ一九八三年、前述した電子技術総合研究所の吉田貞史博士は、サファイア基板上に窒化アルミニウム（AlN）のバッファ層を形成することで結晶性が改良されるとの研究成果を発表している。前述した名城大学の赤崎勇教授はここからさらに踏み込んで、五年後の一九八八年、サファイア基板上に窒化アルミニウムの低温バッファ層を形成することで窒化ガリウムの結晶性が改良されるとの注目すべき研究成果を発表しているのである。

つまり中村氏が成功したGaNバッファ層は、二段階成長法と呼ばれる西永頌東大教授によってすでに公知とされていた技術で、基本となる着想や技術はとりたてて目新しいものではなかった。さらに言えば、事ここに至っても、中村氏の手になる窒化ガリウム結晶は青色に発光する段階にはなかったばかりか、結晶性の点でもいまだ多くの課題を抱えていたのである。

事実、中村氏は共著『赤の発見　青の発見』のなかで、対談相手にあたる岩手県立大学学長の西澤潤一氏にこう告白している。

〈何度も言いますが、ウチの結晶というのは、できたものを普通の測定装置で測れば悪い結晶なんですよ。他のところでつくられた結晶のほうが、従来の結晶という考え方からすれば、そっちのほうがいい結晶なんです。（中略）ツーフローMOCVD装置でそれを私がつくったわけでしょう、しかもそれでできたものは、せいぜい他所でやっている結晶とどっこいどっこいの結晶ですよ。従来の結晶評価というものさしで見ればね〉

もっとも、中村氏はこの告白に続けて、〈でも、これでLEDや半導体レーザーをつくると、ずっとよく光るんです〉と、発光能力を高めるにはこの他の多数の技術の効果によるにもかかわらず語っている。しかし、これもまた巧妙な論理のすり替えと言わざるをえない。というのも、窒化ガリウムが発光ダイオード（LED）やレーザーダイオード（LD）として青く発光するためには、窒化ガリウム結晶を「p型化」する未知の技術が不可欠だったからである。

電気エネルギーを光エネルギーに変換する発光ダイオードには、プラス極に相当するp極とマイナス極に相当するn極がある。「ダイ（二つの）オード（電極）」と呼ばれているのもそのためで、まずはp極からn極に電気が流れなければ話にならない。つまり、発光ダイオードとは、p型半導体とn型半導体を接合させ、p型半導体（p極）にプラス電極、n型半導体（n極）にマイナス電極をつなぎ、p極からn極に電気を流すことで初めて発光する半導体素子なのである。

窒化ガリウムの場合もまったく同じで、窒化ガリウム結晶を半導体素子として青く発光させるためには、窒化ガリウム結晶のp型半導体とn型半導体を接合させ、p極からn極に電気を流す必要があった。一般に半導体は基となるn型半導体にp型の不純物をドープ（混入）するとp型半導体の特性を示すが、もともとマイナスの性質、すなわちn型の性質を持っている窒化ガリウムには、いかなるp型不純物をドープしてもp型にはならず、逆に電気を通さない絶縁体になってしまうという、きわめてやっかいな特性があった。

中村氏は前述のように〈でも、これでLEDや半導体レーザーをつくると、ずっとよく光るんです〉などとトボケたことを語っている。しかし、その後の青色発光ダイオードや青色レーザーダイオードの実現に不可欠なこの「p型化」という未知の技術を実際に開発したのは、妹尾雅之氏や岩佐成人氏をはじめとする中村氏の部下の技術者たちであり、中村氏ではなかったのである。

もちろん、中村氏も「p型化」へ向けた研究に取り組んでいないわけではなかった。しかし、中村氏が着目していたのは前述した赤崎教授らが行っていた熱を伴わない電子線照射による「p型化」実験であり、以下に詳述するような熱を伴う電子線照射による「p型化」実験ではなかった。しかも、妹尾氏や岩佐氏らが取り組んでいた熱を伴う「p型化」実験に対して、上司である中村氏は実験の成功が確実になるまできわめて否定的かつ消極的な態度に終始していたのである。

「ほんなことやってもムダ!」と叫んで

まず、窒化ガリウムの「p型化」への道筋を開いたのは妹尾氏だった。

一九八九年に日亜化学に入社した妹尾氏は、当時、同僚の西田泰広氏とともに、中村氏の下で窒化ガリウムの結晶評価のためのエッチング作業を行っていた。しかし、中村氏が結晶を成長させるまでの待ち時間が長く、ヒマを持て余すことが多かったため、妹尾氏らは四宮源市部長（当時。現常務）から提出を求められた一九九一年の目標に窒化ガリウム結晶の「p型化」を掲げることにしたのである。もちろん、前述したように、妹尾氏らがめざしていた「p型化」は中村氏が着目していた方法とは別の「p型化」実験だった。

妹尾氏と西田氏による窒化ガリウムのp型化実験は一九九一年初頭からさっそくスタートするが、走査型電子顕微鏡下での電子線の照射、高温での熱処理、X線の照射、薬品による化学処理などの実験はことごとく不発に終わった。そんななか、妹尾氏は半導体の電極づくりに使用していた蒸着装置に着目し、この装置を使った電子銃による電子線の照射、すなわち熱を伴う電子線の照射を思いつく。すぐに上司である中村氏のところに相談に行ったが、妹尾氏のこの提案は中村氏から一蹴されてしまった。

このアイデアをどうしてもあきらめられなかった妹尾氏は中村氏には内緒の個人的な極秘プロジェクトとして実験を続けたが、実は、直感と信念に裏打ちされたこのいかにも技術者らしい頑固さと一徹さが、妹尾氏に思わぬ幸運をもたらすことになったのである。

マグネシウム（Mg）をドープした一センチメートル角の窒化ガリウムのサンプルに手

近にあった蒸着装置を使って電子ビームを照射するという一回目の実験は、電子線が強すぎたためサンプルは一瞬で砕け散ってしまった。ところが、電子線量を抑制して照射した二度目の実験では、真っ二つに割れたサンプルが心なしか青白く光っているように見えた。震える手でテスターを当ててみると、なんと、サンプルはp型化を裏づけるわずかな導電性を示していたのである。

妹尾氏は翌日から実験の再現に取り組み、p型化へと至るデータを収集・整理して、中村氏を驚かせてやろうと考えていた。ところが、数日後にサンプルが青白く光っているところを中村氏に発見され、極秘に実験を進めていたことが発覚してしまったのである。

妹尾氏は、このときを含めたこの間の中村氏とのやりとりを、筆者にこう語っている。

「内緒で実験を進めていたことがバレてしまったとき、中村氏からこっぴどく怒られたことを覚えている。蒸着装置を使った実験を申し出たときも、中村氏は『ほんなことやってもムダ！　あかんあかん！　ほんなことするんやったら、もっとほかのことをせえ！』と言うばかりで、まったく取り合ってくれなかった。最後は志を同じくする技術者として二人で喜び合ったが、中村氏が着目していた方法にこだわり続けていたら、p型化の成功はさらに遅れることになっただろう」

妹尾氏が、マグネシウムをドープした窒化ガリウムのp型化に成功したのは一九九一年三月のことである。しかし、この方法は照射すべき電子線の分量調整が難しく、妹尾氏以外の技術者がやればp型にならず、妹尾氏がやっても結果はきわめて不安定だった。中村氏は翌四月に電子線照射装置を発注し、同年一一月に装置は納入されたが、結局、この方法によって製造されたpn接合素子が製品化されることはなかったのである。

最後は研究論文で実績を「独り占め」

というのも、pn接合素子の製造には、まったく別の困難な障害も数多く立ちはだかっていたからである。そして、これらの障害を一つひとつクリアし、「アニール（焼きなまし）」と呼ばれる未知の熱処理によって「p型化」をさらに前進させたのが岩佐成人氏だった。実際、成功までの道のりは妹尾氏のケースと同じく困難を極めたが、ここでもまた中村氏は岩佐氏の実験に否定的かつ消極的だったのである。

一九九一年六月、入社間もない岩佐氏は上司である中村氏からサファイア基板の研磨を課題として与えられていた。というのも、サファイアという物質は非常に硬く、基板ごとカットしてチップ化するためには、基板を研磨して薄くする必要があったからである。

三ヵ月後の同年九月、岩佐氏はシリコンカーバイド（SiC）の遊離砥粒で研磨することでサファイア基板を薄くすることに成功するが、今度は高温の窒化ガリウムの薄膜結晶を熱膨張係数の異なるサファイア基板に積むことによる反りの問題が発生した。岩佐氏は液状酸化ケイ素を基板に塗布して強く押さえつけ、摂氏八〇〇度で酸化ケイ素膜を焼き固めることで、問題を解決しようと試みた。

液状酸化ケイ素で反りを修正することを岩佐氏にアドバイスしたのは妹尾氏だが、摂氏八〇〇度で焼き固めると、今度は電子線照射によってp型化した窒化ガリウムが導電性を失い、絶縁性に戻ってしまうという大問題が発生した。そこで、岩佐氏は摂氏何度で焼き固めればp型特性が変化しないかを探るアニール=焼きなまし実験に着手したのである。

岩佐氏は摂氏五〇〇度から同八〇〇度までの間でアニールを試みたが、アニール温度が上昇するにつれサンプル（マグネシウムをドープした窒化ガリウム）の発光強度が低下することがわかった。ところが、摂氏六〇〇度付近でふたたび発光強度が上昇することを発見し、その結果、「摂氏六〇〇度前後でアニールすれば、たとえ電子線を照射しなくても、アニールそのものだけでp型化が起こるのではないか」と推測するに至ったのである。

思えばこれが「世紀の発明」への扉を開いた「p型化アニール現象」そのものだったの

だが、岩佐氏から実験結果の報告を受けた中村氏はまったく懐疑的だった。再度の実験で推測が確信に変わった岩佐氏は、ふたたび中村氏に報告したが、中村氏は「そんな実験結果になるはずがない」と言い張って譲らなかった。ところが、岩佐氏の態度があまりにも絶対的な確信に満ちていたため、さすがの中村氏もp型化アニール現象の確認実験に入らざるをえなくなったのである。

ただ、この話にはいかにも中村氏らしいオチがついている。p型化アニール現象を発見した岩佐氏も筆者にこう語っている。

「その後、アニールによるp型化の実験が繰り返され、p型化アニール現象が不動の事実になるにつれ、私は中村氏から『早く実験データを出せ』と尻を叩かれるようになり、そのため私の残業時間も日を追って増えていった。当初はなぜそんなに性急に私の尻を叩くのかと疑問に思ったが、その後になってその理由もハッキリしていった。というのも、妹尾氏に始まる一連の画期的な発見については、中村氏が発見した成果として中村氏の研究論文の形で発表されたからだ」

ちなみに、p型化技術に関しては、このアニール法による技術以外、工業的に有効な技術はいまだに開発されていない。

驚きと悲しみの「ブレイクスルー」

残されたもう一つのブレイクスルー

「p型化アニール」が「世紀の発明」への第一関門だったとすれば、第二関門は「InGaN」と「ダブルヘテロ構造」の技術だった。

p型化アニール現象による青い光を目にしたとき、岩佐氏は思わず男泣きに泣いたそうだが、その光はいまだ青白くぼんやりとしたものだった。もちろん、そう見えたのは涙のせいなどではない。実は、窒化ガリウムを高輝度でしかも鮮やかな青色に発光させるためには、「InGaN」と「ダブルヘテロ構造」の技術がどうしても不可欠だったのである。

ここに登場する「InGaN」とは、窒化ガリウム（GaN）にインジウム（In）を加えた窒化インジウムガリウム（InGaN）という化合物のことである。

岩佐氏が「p型化アニール」の実験に使用したサンプルは、窒化ガリウム（GaN）にマグネシウム（Mg）をただドープ（混入）しただけの混合物にすぎず、窒化インジウムガリウム（InGaN）のような化合物とは基本的に異なる。岩佐氏はマグネシウムの持つ発光特性を利用してサンプルを青白く光らせようと考えていたのだが、実験の目的はあくまでも「p型化アニール」にあった。

実は、窒化ガリウム（GaN）の結晶に通電しただけでは、目に見えない「紫外」にしか発光しない。一方、窒化インジウム（InN）の結晶に通電すると「赤色」に発光する。つまり、最大の課題だった「青色」を含め、波長の短い「紫外」から波長の長い「赤色」の間にある発光色を得ようと思えば、窒化ガリウム（GaN）にインジウム（In）を加えた窒化インジウムガリウム（InGaN）という化合物の存在が不可欠の要件だったのである。

言うまでもなく、窒化ガリウム（GaN）に加えるインジウム（In）の量を多くすれば「赤色」に近づき、反対にインジウム（In）の量を少なくすれば「紫外」に近づく。要するに、窒化ガリウム（GaN）にどれくらいの量のインジウム（In）を加えたら「青色」の発光を得られるのかというのが当時の日亜化学の技術者たちに求められていた課題であり、その課題を解決する技術がいわゆる「InGaN」の技術だったのである。

しかし、「青色」に発光する窒化インジウムガリウム（InGaN）が得られたとしても、それですべての問題が解決されたわけではなかった。そうして得られた青色を「高輝度」

で発光させるためには、さらに窒化インジウムガリウム（InGaN）の結晶を「ダブルヘテロ構造」にする必要があったのである。

一般に、発光ダイオードの半導体素子は、基本となる物質に他の元素を加えた「エネルギーの小さい物質」を、エネルギーの大きい「基本となる物質」で二重三重に挟み込むことによって、「高輝度」に発光させることができる。「ダブルヘテロ構造」とはこのサンドイッチ構造のことであり、日亜化学が開発を進めていた青色発光ダイオードで言えば、「エネルギーの小さい物質」にあたる窒化インジウムガリウム（InGaN）を「基本となる物質」にあたる窒化ガリウム（GaN）で挟み込むサンドイッチ構造のことを指していた（厳密に言えば、この場合の「基本となる物質」には、窒化ガリウムのほか、窒化アルミニウムガリウム（AlGaN）などの化合物も含まれる）。

衝撃の商品デビューに至る「真実」とは

「ダブルヘテロ構造」の「ダブル」は「二重の」、「ヘテロ」は「異種の」を意味する言葉である。実は、岩佐氏までの日亜化学の技術者がたどり着いた窒化ガリウムのｐｎ接合素子は、窒化ガリウムという単一の物質のｐ型半導体とｎ型半導体を一つの界面で接合するホモ接合素子にすぎなかった。「同種の」を意味する「ホモ」は「異種の」を意味する「ヘテロ」の反対語だが、前述したマグネシウム（Mg）をドープした窒化ガリウム（GaN:Mg）にしても、GaN:Mgという単一の物質の半導体同士をｐｎ接合させたホモ接合にすぎなかったのである。

要するに、「アニール p型化」以降の日亜化学では、GaNをベースにどのようなInGaNをヘテロ接合させれば実用化に耐えうる純度と輝度を持った青色発光ダイオードをつくることができるのかが技術者たちの共通の課題となったのである。それまでの個々の技術者の発意による神がかり的な開発手法を改め、人員や設備などの計画的な整備を進めていったのも、ちょうどこの時期からである。

事実、一九九二年の三月と四月にはＭＯＣＶＤ装置が一基ずつ増設され、四宮源市部長（当時。現常務）を長とする向井孝志氏、岩佐成人氏、長濱慎一氏ら開発グループの実験のピッチも一段と加速されていった。同年一一月には松下電子工業を定年退職した小林義知博士を顧問に迎えて半導体研究のアドバイスを請う一方、一九九三年二月には日本のＬＥＤ事業のトップ企業であるスタンレー電気の小山稔研究所副所長が日亜化学に転職、技師長のポストに就任した。

InGaNとダブルヘテロに関する技術開発の先陣を切ったのは向井氏を筆頭とする岩佐氏、長濱氏らのグループだった。

ＭＯＣＶＤ装置が増設された一九九二年三月以降、向井氏らは前出の松岡隆志博士のグループが論文発表していたInGaN結晶を参考にしながら紫外発光する結晶の実験に乗り出し、それを成功させた同年一〇月からはさらに可視光発光する結晶の実験に取り組んでいった。その結果、岩佐氏はカドミウム（Cd）、向井氏は亜鉛（Zn）をドープしたInGaN結晶を弱い青色に発光させることに成功したが、それから四ヵ月後の一九九三年二月、長濱氏はついに亜鉛（Zn）とシリコン（Si）をドープしたInGaN結晶が亜鉛だけをドープしたInGaN結晶の実に数十倍にも青色発光する事実を突き止めたのである。

スタンレーから日亜化学に転職して入社間もない小山技師長は眩しく光るこの青色光を見て度肝を抜かれたが、日亜化学は青色発光ダイオードランプ（ＬＥＤランプ）という具体的な商品の開発を待って「世紀の発明」の公表に踏み切ることを決定した。新聞発表がそれから九ヵ月後の一九九三年一一月までずれ込んだのはそのためだった。

しかし、テストピースが発光したとはいえ、これをＬＥＤ化するには絶縁体であるサファイア基板上で結晶をいかに発光させるかという大問題が残っていた。そして、そのためには効率よく光を取り出すことのできる特殊な電極の開発が不可欠だったのである。

この大問題の解決に取り組んだのは妹尾雅之氏を筆頭とする山田孝夫氏、山田元量氏らの開発グループだった。なかでも両山田氏は新人にもかかわらず困難な実験を担当し、向井氏らはLEDでは前例のない全面透明電極の開発を成功させた。さらに岸明人氏、多田津芳昭氏らによる砲弾型ランプの試作を経て、日亜化学の青色発光ダイオードはついに衝撃の商品デビューを果たしたのである。

巧妙な論理展開で読者を「ミスリード」

もちろん、この間、中村氏も「InGaN」と「ダブルヘテロ構造」の研究開発に取り組んではいた。しかし、中村氏の研究開発には、「p型化アニール」のケースと同様、特筆すべき成果はほとんど認められない。

事実、中村氏は前述した松岡博士らの研究論文を参考にしつつ窒化インジウムガリウム（InGaN）の結晶化を試みていたが、中村氏の実験ではインジウム（In）を微量しか加えることができず、しかも出来上がった結晶の品質もまちまちで、とてもではないが製品として使用できるシロモノではなかった。InGaNに亜鉛やシリコンをドープすることを長濱氏にアドバイスしたのは中村氏だが、全体から見れば、中村氏の不完全な研究開発を引き継ぎ、衝撃の商品デビューを成功させたのは、向井氏を筆頭とする岩佐氏や長濱氏らの開発グループだったのである。

にもかかわらず、中村氏は共著『赤の発見　青の発見』のなかで、次のように風呂敷きを広げたいだけ広げている。

〈最初は市販のMOCVD装置を購入して始めたのですが、いい膜はできませんでした。そこで、この装置を改造、改造していって、九一年の終わりくらいでしたから二年くらいたったときに、「ツーフローMOCVD」ができたのです。その「ツーフローMOCVD」ができてからは、何をやっても、数ヶ月単位で窒化ガリウムの世界でブレークスルーが達成でき、それが現在まで続いています〉

〈つまり、「ツーフローMOCVD」という仕組みを実現して以降は、すべてウチが出すデータが世界一なのです。この一〇年近く、ずっと世界一を維持・発展させ続けているんです。だから、「ツーフローMOCVD」が一番大きなブレークスルーだったといえるでしょう。「つくる装置」という根本のブレークスルーを達成したので、その後は、モノのブレークスルーをどんどんしていくことができたのです〉

〈つまり、青色ＬＥＤをつくるためのブレークスルーがどんどん達成され、九三年の終わりに最初に製品化を発表しました。その後、九五年に世界初の青色レーザー発振に成功しました。レーザーは九九年に製品化しました。簡単に言えばこういう流れです〉

筆者はこれほど巧妙な論理展開を見たことがない。

中村氏が「ツーフローＭＯＣＶＤ」という仕組みを実験に取り入れたのは事実だが、その後の青色発光ダイオード（ＬＥＤ）や青色レーザーダイオード（ＬＤ）へのブレイクスルーとなったのは「p型化アニール」に始まるまったく別の技術だった。しかも、事実上、それらの真にブレイクスルーと呼びうる技術開発に対する中村氏の貢献度はきわめて低いものだったのである。

にもかかわらず、中村氏は「ツーフローＭＯＣＶＤ」が最大のブレイクスルーだったと主張しているばかりか、きわめて巧妙な言い回しでその後のブレイクスルーも自分が手がけたかのような印象を読者に与えている。さらに青色レーザーダイオードの開発や製品化までをも自分が手がけたかのように記述しているに至っては、筆者は驚きを通り越して悲しみすら覚えてくるのである。

第四章　開発の真実②

青色ＬＥＤから青色ＬＤを誕生させた「技術者群像」

ＬＥＤの「次元」を変えた技術者たち

間髪を入れずに打たれた二つの「布石」

日亜化学が青色発光ダイオード（青色ＬＥＤ）の開発に成功したとのニュースは、日本国内はもちろんのこと全世界を駆けめぐった。

なにしろ、今世紀（二〇世紀）中には不可能と言われていた技術である。しかも、開発に成功した日亜化学は既存の発光ダイオードの製造経験すらない地場企業だった。

そのため、新聞発表が行われた一九九三年一一月当初、ライバル社の技術者や研究者のなかには、発表をなかなか信じようとしない者もいた。小川英治社長によれば「なかには株価対策のための作り話に違いないと邪推する者までいた」というから驚きである。

しかし、砲弾型ランプのなかで輝く青い光を目にしたとき、あらゆる疑念はまぎれもない事実に変わった。つまり、日亜化学による「世紀の発明」は、一度ならず二度までも、世界を瞠目させてみせたのである。

しかも、日亜化学が開発に成功した青色発光ダイオードは、前述した米国のクリー社が販売していたシリコンカーバイド（SiC）製の青色発光ダイオードの実に一〇〇倍、日本の豊田合成がその一ヵ月前に発表していた別構造の窒化ガリウム（GaN）系青色発光ダイオードに比較しても一〇倍以上という、きわめて強力な光出力を誇っていた。

この光出力の差は国内外のライバル社ならずとも決定的な差に思われた。しかし、当の小川社長はその後も手を緩めることなく、ＬＥＤ事業をさらに前進させるための布石を次々と打っていったのである。

最大の布石は青色ＬＥＤに続く「純緑色ＬＥＤ」と「白色ＬＥＤ」の開発だった。純緑色ＬＥＤは信号用光源や大型ディスプレイ用光源に、白色ＬＥＤは液晶バックライト用光源や照明用光源にと、事業化の可能性はそれこそ無限に広がっていた。もちろん、ＬＥＤの「次元」を変えるこの試みに挑戦していったのは、これまでと同じく日亜化学の不言実行の技術者たちだった。

ちなみに、日亜化学が「世界の日亜」となった一九九三年一一月以降の中村修二氏は、前述したように特別待遇のスター技術者として国内外を飛び回るのに忙しく、実験に手を下すことはおろか指示を与えることすら皆無に近い状況だった。ただ、当時を知る複数の日亜化学の技術者によれば、「中村氏は『亜鉛（Zn）やシリコン（Si）をドープしたInGaNでの長波長化（緑色発光）は技術的に困難だ』と言っていた」というから、まさに前述した「p型化アニール」や「InGaN」や「ダブルヘテロ構造」などのケースと一緒である。

「失敗」から生まれた純緑色ＬＥＤ

事業化へ向けた次元突破のきっかけは、またもや意外なところからもたらされた。純緑色ＬＥＤ・白色ＬＥＤ開発とは別の独自研究を希望していた長濱慎一氏は、アンドープの量子井戸構造を活性層とするＬＤ（レーザーダイオード）の研究開発を提案し、杉本康宜氏、吉田妃呂子氏とともに一九九四年一月からその研究開発に着手していた。「アンドープ」とは不純物をドープ（混入）しない窒化インジウムガリウム（InGaN）のこと、「量子井戸構造」とはダブルヘテロ構造を高効率化した構造のことで、例えて言えば井戸に溜め込んだ光を一気に放出してレーザー発振させようという試みである。

長濱氏らのグループは同年六月にこの構造でまず青色ＬＥＤをつくり、三倍から五倍の光出力を得てＬＤ開発への自信を深めた。この年の夏には岩佐成人氏、妹尾雅之氏、山田孝夫氏らも長濱氏らのグループに加わったが、ここでまた思わぬ出来事がその後の活路を切り開くことになったのである。

岩佐氏によれば、それはMOCVD装置のヒーター上の基板台とサファイア基板の間にゴミが入り、所定の温度に達しないまま実験が失敗に終わったときに起こったという。

「念のため実験で使用したサンプルを調べてみると、青色より波長の長いLED発光を確認することができた。ゴミが入った部分の温度が下がり、そのぶんだけインジウム（In）が多く入ったことで、たまたま緑色に近い長波長化が起こったのではないか――。こう考えた私はLEDでも長波長化は可能であると直感して、このことをすぐにLEDの研究開発グループに報告した」

当時、本命であるLEDの研究開発グループには、向井孝志氏、成松宏記氏、阿部雅俊氏、谷沢公二氏、三谷友次氏らの技術者がいた。

その後、向井氏らのグループが岩佐氏のこの報告をヒントに実験を重ねた結果、青色LEDの光出力は一挙に六倍から七倍にまではね上がったほか、青緑色LEDの光出力も信号用光源として使用可能なレベルにまで上昇した。そして迎えた一九九五年、向井氏らは量子井戸構造の活性層をはじめとする素子構造の最適化を実現し、ついに量子井戸構造を持つ高性能の「純緑色ＬＥＤ」の開発を成功させたのである。

低輝度の黄緑色ＬＥＤしかなかった「緑」の分野に革新的なＬＥＤが登場したのは、まさしく「失敗は成功の母」という格言そのままの努力と幸運の賜物だったと言っていい。

「共通の財産」から生まれた白色ＬＥＤ

一方の「白色ＬＥＤ」の研究開発には、純緑色ＬＥＤ以上の紆余曲折があった。

第一の伏線となったのは、液晶用のバックライトを開発していた無機ＥＬ事業だった。

この分野の無機ＥＬ事業はノートパソコンの液晶ディスプレイのバックライトなどへの応用が考えられていたが、空気中に存在する水分によってすぐに劣化してしまうという蛍光体そのものの持つ欠陥から一九九六年二月に事業が中止されていた。ところが、転んでもタダでは起きないのが日亜化学の技術陣である。

事実、日亜化学の技術者たちは、この無機ＥＬ事業の失敗を通じて、液晶バックライトの需要がいかに大きいかということ、そして性能に対して要求されるユーザーの要望がいかに高いかということを、しっかりと心に刻み込んでいた。同時に、白色の顔料を使用して青緑発光の白色化をめざしていたこの無機ＥＬ事業での経験から、液晶用バックライトの白色化に対するユーザーの要望がいかに高いかということも、日亜化学の技術者たちの共通の認識、そして共通の財産となっていた。

第二の伏線となったのは、意外にも純緑色LED開発の成功と失敗だった。

一九九四年半ばのことだったが、的場功祐氏と多田津芳昭氏の二人の技術者は、前述した向井氏らの研究開発グループとは別に、LEDディスプレイに不可欠な緑色LEDを開発するため、青色LEDを使った光波長の長波長化、すなわち緑色変換に取り組んでいた。的場氏らが青色LEDチップを入れた小さなカップのなかに有機染料を樹脂に混ぜて封入して緑色変換を試みると、高輝度で鮮やかな緑色に発光する純緑色LEDが出来上がった。しかし、有機染料が青色LEDの光と熱ですぐに変質してしまうため、その純緑色LEDの寿命はわずか数時間で尽きてしまった。

しかし、的場氏と多田津氏のこの成功と失敗はムダではなかった。事実、前述した蛍光体事業を担当していた森口敏生氏と三谷功憲氏の二人の技術者は的場氏らのこの経験を第三の伏線のなかで生かしていった。

一九九五年三月からのことだが、森口氏らはまず、蛍光染料や顔料、各種無機蛍光体を使って、青色LED光の長波長化、すなわち緑色変換を試みた。さらに、日亜化学が蛍光体メーカーであるという利点をフルに生かし、青色ＬＥＤによって励起されるありとあらゆる蛍光体を試してみたが、青色ＬＥＤ光は思うようには緑色変換してくれなかった。

問題は例の蛍光体事業の失敗の際に弱点として指摘された「水分」にあった。

ブラウン管や蛍光灯などで使われる蛍光体は真空中で励起される。これに対して、樹脂に混ぜた蛍光体は樹脂に含まれる「水分」によっても劣化してしまうのである。そして、森口氏らが試していたのも樹脂に蛍光体を混ぜるというこの方法だった。

たった一人のアイデアなど通用しない

それでも森口氏らはあきらめることなく実験を続け、何百回にもわたる試行錯誤を繰り返した結果、ようやくＬＥＤに最もふさわしいＹＡＧ（Yttrium Aluminum Garnet＝イットリウム・アルミニウム・ガーネット）という蛍光体を探し出すことに成功したのである。その後、森口氏らのこの研究成果は、清水義則氏をプロジェクトの推進役とする野口泰延氏、阪野顕正氏らのグループに引き継がれた。

そして、翌一九九六年七月、野口氏がセリウム（Ce）入りＹＡＧ蛍光体を、次いで阪野氏が青色ＬＥＤとガドリウム（Gd）入りＹＡＧとを組み合わせた「白色ＬＥＤ」を開発し、二ヵ月後の一九九六年九月、千葉県の幕張メッセで開催されたエレクトロニクスショーに堂々の出展を果たしたのである。

当時の大多数の技術者や研究者は「白色ＬＥＤをつくるには赤色と青色と緑色の三色のＬＥＤを組み合わせるか、あるいは青色と黄色の二色のＬＥＤを組み合わせる以外に方法はない」との常識に支配されていた。つまり、青色ＬＥＤに蛍光体を組み合わせた日亜化学の「白色ＬＥＤ」は、蛍光体製造会社ならではのアイデア商品であっただけではなく、当時の技術者や研究者の常識を打ち破ってみせた画期的な商品でもあったのである。

小川社長は日亜化学の技術者たちに共通するこの技術者魂についてこう語っている。

「技術の幅を広げる試みから新たな製品を生み出すことは当社（日亜化学）の伝統であり、新たな製品を生み出したその努力がさらに別の発見を生み出すことにつながっていく。したがって、たとえ失敗に終わったとしても無駄な研究などというものは一つとしてありえないし、逆に成功に終わったとしても成功の要因がたった一つの研究に求められるなどということもありえない。技術開発の世界はたった一人の研究者のたった一つのアイデアが通用するほど甘いものではない」

ツーフローＭＯＣＶＤがすべてと言い張る中村氏は、この小川社長の言葉をなんと聞くのだろうか。

事業化を貫く日亜化学の「在野精神」

劇的に拡大していったＬＥＤの「使途」

「青色ＬＥＤ」の開発は「世紀の発明」と呼ぶにふさわしいエポックメイキングな出来事だったが、ＬＥＤ事業のその後の可能性を飛躍的に拡大させたという点では、むしろ「純緑色ＬＥＤ」と「白色ＬＥＤ」の存在は青色ＬＥＤ以上だったと言えるかもしれない。

たとえば、「青緑色ＬＥＤ」は純緑色ＬＥＤの開発過程で誕生したものだが、それまでの赤色と黄色にこの青緑色が加わったことで、信号用光源としての製品化が可能になった。光源にＬＥＤを使用した信号灯は、ランプを使用した従来の信号灯に比較して、逆光でも見える、消費電力が少ない、半永久的に使える、などの優れた特性を持っている。そのためＬＥＤ信号は全国各地で急速に普及しつつあり、読者もその鮮やかな信号灯を一度くらいは目にしたことがあるはずである。

「白色LED」の用途はさらに広く、まずはオーディオ製品の液晶表示パネルのバックライト用光源、それもノイズ源を持たない唯一の光源として、他の色のLEDとともにさっそく使用された。その後、携帯電話、デジタルカメラ、ビデオカメラ、PDA(Personal Data Assistant＝個人向け携帯情報通信機器)などの液晶表示パネルのバックライト用光源としての需要が急速に拡大し、今後は蛍光灯に代わる省エネルギーの白色照明光源として大きな期待が寄せられている。

さらに言えば、赤色や黄緑色のLEDしかなかった時代には、家電製品のパイロットランプ用光源か店頭看板の文字表示用光源くらいしか使用目的はなかった。ところが、青色と青緑色と純緑色と白色のLEDが次々と開発され、組み合わせによってすべての色を表現することが可能になったことから、LEDの使途は劇的に拡大していった。その象徴とも言える存在が「屋外用大型ディスプレイ」で、従来の真空管方式から新たなLED方式へのシフトが急ピッチで進んでいる。

「六つの指針」と背水の陣

しかし、日亜化学がpn接合から青色発光、青色発光から白色発光へとたどり着いたL

ＥＤ事業は、米国のヒューレットパッカードや日本の松下、東芝といった世界の名だたる大企業が軒を並べる事業分野だった。事実、日亜化学がいくら「世紀の発明」の当事者だといっても、ＬＥＤの周辺技術にはそれこそ二〇年を超す遅れがあり、経営資源の投下方法を誤れば世界の巨大資本の大波にたちまち呑み込まれてしまう危険性があった。

小川社長も筆者にこう語っている。

「堀場製作所会長の堀場雅夫氏は、『いやならやめろ』という著書のなかで、ソニーの創立者として知られる井深大氏の興味深い言葉を紹介している。その言葉とは『開発に成功するまでに一のエネルギーが必要だとすれば、商品を試作するのに十倍。それから商品化するのに百倍。最終的に利益が出るまでには千倍はかかる』というものだ。実際、開発に成功するということはほんの第一歩にすぎず、事業として成功するまでには、それまでに経験したことのないような、さまざまな困難や障壁を乗り越えなければならない」

実は、ＬＥＤ事業を展開するにあたって、小川社長は次のような六つの指針を明確に打ち立てている。

①安易な拡大路線は採らず、自力中心の取り組みを行う

②年商一〇〇〇億円程度の事業をイメージして商品化に取り組む

③販売はユーザー直接販売という日亜方式で行い、そのための営業体制を整備する
④ダイス（Dice＝半導体素子）販売は特別な場合を除き原則として行わない
⑤知的財産権の一方的譲渡は行わない
⑥必要資金の調達は投機的要素の高い株式市場には頼らず、個人保証が必要であっても返済義務のある銀行借入とする

小川社長によれば、「蛍光体を中心とする粉末製品製造会社、言ってみれば田舎の粉屋が半導体事業の未開拓分野であるＬＥＤ事業に乗り出そうというのだから、六つの指針にあるような業界の常識からも大きく外れた思い切った取り組みを行うことには社内的にも異論があった」という。個人保証を必要とする銀行借入については第二章でも指摘したが、ＬＥＤ事業の展開は、それこそ背水の陣に近い相当の覚悟がなければなしえないプロジェクトだったのである。

量産化を可能にしたキーテクノロジー

その覚悟を筆者なりの言葉で表現すれば「在野精神」ということになるが、実は量産化以前のＬＥＤ製品はいずれもパイロット設備でつくられていた。そこで、日亜化学では、

事実上の「世紀の発明」に成功した一九九二年以降、ＬＥＤやＬＤに関するその後の技術開発に同時並行する形で、四宮源市工場長（当時。現常務）の監督のもと、研究棟内の空スペースに装置とラインを中心とする量産設備の構築が進められていった。

ＬＥＤ量産化へのキーテクノロジーとなったのは「ＭＯＣＶＤ装置の改良」と「ウェーハ工程の確立」という二つの技術だった。

まず、ロックウェル社から基本特許のライセンスを受けて、ＭＯＣＶＤ装置の内製化が進められた。小川社長によれば「このときも中村氏は『とてもそんなことはできない』と主張した」そうだが、「重要装置の自社開発こそ量産化の生命線である」という小川社長の信念は少しも揺らぐことはなかった。

ＭＯＣＶＤ装置内製化のための「設計」を担当したのは、生産技術部の村田隆部長率いる海野育陽氏、芝山保氏、黒田義隆氏らの技術者たちだった。その後は武田謹次氏が「製作」の責任者となり、向井氏、谷沢氏、山田（元）氏らのＭＯＣＶＤ技術担当者が試行錯誤を繰り返した結果、ついに連続運転可能な装置の開発に成功したのである。

前述したように、中村氏が開発した初期のツーフローＭＯＣＶＤ装置は、とてもではないが量産に耐えうるシロモノではなかった。事実、ノズルはすぐに詰まってしまうし、掃除をすると今度は再現性のある結晶が得られなかった。その後、さまざまな改良が加えられたものの、歩留まりの悪さは最後まで解消されず、LED事業は黒字化できずにいた。

要するに、黒字を生む本格的な量産が可能になったのは、一九九六年に向井氏らが連続運転可能な現行方式のMOCVD装置を開発して以降の話なのである。

一方、ウェーハ工程を中心とする生産ラインの構築にあたったのは、初期の研究段階からウェーハ工程を担当していた妹尾氏、科学技術庁の無機材料研究所でプラズマを利用したダイヤモンド薄膜の合成研究をしていた板東完治氏、さらに若手の山田孝夫氏らを加えた歴戦の技術者たちだった。

ただし、基板となるサファイアは非常に硬い物質であるうえ、基板の直径も二インチと半導体基板としてはきわめて小さかったため、すべての装置を特別仕様で立ち上げなければならなかった。妹尾氏らは例によって実験に実験を重ねながら生産ラインの構築を模索していったが、そんなさなかの一九九四年、浅田雅文氏のもとでウェーハのカッティングを担当していた森本恵美氏が、へき開性のないサファイアにも最適な切断方向が存在することを発見した。

この技術は量産化とは別の技術として発見、確立されたものだが、結果的に量産化には欠かせないキーテクノロジーの一つとなった。

砲弾型ＬＥＤから表面実装型ＬＥＤへ

事業化はＬＥＤの完成品もしくはその応用品で行う——。前述したように、これがＬＥＤ事業を展開していくうえでの日亜化学の基本姿勢である。事実、日亜化学では、完成品としての「砲弾型ＬＥＤ」、その応用品としての「表面実装型ＬＥＤ」を二大柱に、ＬＥＤ商品の開発と生産が行われていった。

まず、砲弾型ＬＥＤについては、向井氏らが開発した前述のパイロットラインでの生産を進めつつ、岸明人氏、光山洋一氏、坂東正士氏、多田津芳昭氏らが部材調達から設備構築までの本格体制を固めていった。ここでもまたすべての装置を特別仕様で立ち上げなければならなかったが、「自力中心でもやればできる」との基本方針に沿って眼前に立ちはだかる障壁を次々と突破していった。

その結果、大型ディスプレイ用広指向ＬＥＤや交通信号用ＬＥＤなどに使われる砲弾型ＬＥＤの生産能力は一九九四年末には月産六〇〇万個、翌一九九五年末には月産九〇〇万個に達し、わずか二年で量産化の当面の目標とされた月産一〇〇〇万個を射程に捉えたのである。

　一方、応用装置への組み付けが可能なＬＥＤの需要に応えるため、日亜化学では表面実装型ＬＥＤの開発が急ピッチで進められていった。表面実装型ＬＥＤは、砲弾型ＬＥＤのようにＬＥＤの裏面に二本足の電極が出ていなくて、プリント基板上に乗せてハンダ付けするだけで装着できるので、このように呼ばれている。

　表面実装型ＬＥＤはパッケージとして商品化され、用途の多様化とともにパッケージの種類も増加していったが、ベテランの技術者はいずれも手一杯の状態にあったため、パッケージの開発作業には経験のない新人の技術者が投入された。

　これは少し後の話になるが、一九九八年入社の末永良馬氏は高等専門学校を卒業してすぐにバックライト用ＬＥＤのパッケージ開発を任され、ベストセラー商品となった「#2―5パッケージ」の開発に成功している。#2―5パッケージは携帯電話をはじめとするモバイル電子機器の液晶画像のカラー化に道を開き、小型液晶の世界に劇的な変化をもたらして、爆発的な需要数量を記録した。このエピソードもまた、いかにも日亜化学らしい技術開発の姿勢を示して余りあると言えるだろう。

ＬＥＤ事業で世界を変える

日亜化学ではまた、完成品や応用品を手がけることでＬＥＤの品質改良に努める一方、新たな用途開発を行うことでＬＥＤマーケットの拡大を図っていった。少々オーバーに言うならば、ＬＥＤというニューテクノロジー（新技術）を広めることによるワールドイノベーション（世界変革）である。

たとえば、屋外用大型ディスプレイの分野では、従来の赤色と黄色に続いて青色、青緑色、純緑色、白色のＬＥＤが開発されるに至ってもなお、それまでの真空管方式に固執する日本の業界関係者は「ＬＥＤでは大型ディスプレイは不可能」と言い張っていた。事実、二〇〇〇年に日韓共同で開催されたサッカーワールドカップでは、韓国が全会場の大型ディスプレイにＬＥＤ方式を採用したのに対し、日本では大型ディスプレイの約四割で真空管方式が採用されたのである。

このような旧習を打破するため、日亜化学ではＬＥＤランプの開発を進めると同時に、ＬＥＤをクラスター（ＬＥＤを配線基盤に実装し、防水処理のケーシングを施したもの）やユニット（クラスターの集合体）の形でディスプレイメーカーにアピールした。この仕事を担当していたのがいったん他社に転出しながらふたたび魅力に惹かれて日亜に転入した永井芳文氏で、永井氏は永峰邦浩氏や大黒弘樹氏とともに近鉄との共同開発をスタートさせ、やがて近鉄上本町駅コンコースに日亜初の大型フルカラーディスプレイを設置することに成功した。

その後、屋外用大型ＬＥＤディスプレイは広告用ビルボードを中心に普及し始め、さらにイベント用、舞台用、スポーツ施設用、交通施設用などへと急速に拡大していった。同時に、交通信号やネオンサインなどの分野におけるＬＥＤへの代替が省エネや信頼性や安全性などに大きく寄与するとの認識も徐々に広まり、ＬＥＤを使用した屋外用大型ディスプレイのマーケットはまさにワールドワイドな拡大を見せていったのである。

ちなみに、屋外用大型ＬＥＤディスプレイユニットの生産対応には、森正義氏、米田秀昭氏、六車修二氏らの技術者があたった。その後、生産の一部が子会社である台湾日亜に移管されたことによって、台湾日亜は台湾でのブラウン管生産が中止された後も日亜化学の事業の一角を担い続けている。

あるいはまた、液晶用バックライトの分野では、光源ユニットを手がけることで必要技術の理解と蓄積が進み、やがて液晶用バックライトＬＥＤのパッケージ開発へと発展していった。

バックライトユニット事業者の多くは手作業中心の組み立てを行っているため、しばしば手間賃の安い発展途上国に生産現場を移転してしまう。しかし、日亜化学では、森口敏生氏や野尻仁氏らが生産技術担当者とともに独自の自動組立ラインを構築することで、あくまでも液晶用バックライトＬＥＤの国内生産に固執し続けている。

これもまた、業界の常識からは大きく外れたユニークな知見と言っていい。

レーザーダイオードはかく発振せり

短波長ＬＤ開発をめぐる五つの課題

中村氏は一九九三年から二〇〇二年までの「正当な報酬」として六三九億円にも上る法外な金額を日亜化学に請求していた。これまでに何度か取り上げた二〇〇億円という金額は六三九億円の内金に該当していたが、その対象には青色発光ダイオード（ＬＥＤ）のほか青色レーザーダイオード（ＬＤ）も含まれている。

では、日亜化学における、青色ＬＥＤ開発に続く青色ＬＤ開発の「真実」とはいかなるものだったのか。

世界最初のレーザーは、一九六〇年五月一六日に米国ヒューズ研究所（カリフォルニア）のセオドア・メイマンがルビー結晶にフラッシュランプを照射する方法で実現した。

その後、メイマンによる成果は光学や電子工学などと結びつく形でさらなる新方式の実現へと発展していった。ＩＢＭ研究所（ニューヨーク）のフッ化カルシウムなどによる固体媒質レーザー（一九六〇年）、ベル研究所（ニュージャージー）のガスレーザー（一九六〇年）、ＧＥ研究所（ニューヨーク）の半導体レーザー（一九六二年）などがその代表格だが、この分野でノーベル賞を受賞した研究者が一〇名は下らないほどレーザー開発の技術は二〇世紀に残された未知の領域だったのである。

レーザーダイオードの分野で言えば、一九九〇年代に入って短波長レーザーダイオードが未開発分野として注目されるようになった。

日亜化学でも青色ＬＥＤの開発成功の直後から短波長ＬＤ開発への模索が始まり、前述したように、一九九四年一月に長濱慎一氏が上司である中村修二氏にＬＤ開発の申し出を行っている。当時、需要の少ないＬＤより需要の多いＬＥＤに関心のあった中村氏は長濱氏の申し出に消極的だったが、長濱氏は未知の領域に挑戦するという会社の基本方針に沿う形でＬＤ開発を少人数でスタートさせた。

当初は長濱氏と杉本康宜氏と吉田妃呂子氏のわずか三名だったが、同年夏までには前工程にあたるＭＯＣＶＤ装置の開発に岩佐成人氏、後工程にあたるチップ化の開発に妹尾雅之氏、山田孝夫氏、清久裕之氏らが加わった。当時、短波長ＬＤ開発にあたってとりあえずクリアしなければならない問題点としては、少なくとも以下の五点が浮上していた。

①窒化インジウムガリウム（InGaN）の結晶性を向上させる
②高電流域でも出力が飽和しない構造にする
③高電流域に耐えうる電極材料を選定する
④光を活性層に閉じ込める構造にする
⑤端面を鏡面にして共振器（光が活性層内で往復反射する反射鏡）を形成する

わずか一年で基本構造を確立

①と②については、一九九四年六月、岩佐氏らのＭＯＣＶＤグループが井戸層をアンドープにした量子井戸構造の活性層を採用して実験に乗り出した。前述したように、この技

術の思わぬ派生効果として純緑色までの高出力ＬＥＤが開発され、このことがまたＬＥＤ事業にも大きな弾みとなったのである。

また、③に関して、チップ化を担当するデバイスグループとして電極の作成に心血を注いだのが妹尾氏と山田（孝）氏だった。妹尾氏らは高電流にも耐えうる電極材料の開発に邁進し、一九九四年末までにもろもろの条件を満たす電極の開発に成功した。

さらに、光を活性層に閉じ込め、閉じ込めた光を増幅して、いわゆるＬＤ発振させる共振器の形成、すなわち④と⑤の技術開発については、山田（孝）氏がエッチングを、杉本氏が基板へき開を担当した。

山田（孝）氏は一九九四年一月からエッチングに関する研究開発に着手し、同年一二月にはプラズマエッチング社との共同研究によってエッチングガスに塩素ガスとケイ素ガスを用いる方法を発見した。一方の杉本氏は一九九四年当初からサファイア基板のへき開に挑んだが、こちらはさらに多くの困難に直面した。

サファイアはへき開面を利用して鏡面を形成するためのへき開性（一定の方向に割れる性質）を有しておらず、かつ、窒化インジウムガリウム（InGaN）の結晶を成長させたサファイア基板を研磨すると反りが生じてしまう。杉本氏は執念にも近い実験の繰り返しによって二つの難問を解決することに成功したが、なかでも後者の問題解決の決め手となったのは基板を割らずに数十ミクロンにまで研磨する神業とも言える技術だった。

このように、開発開始からわずか一年で、MOCVDグループやデバイスグループ、エッチンググループをはじめとする技術者たちの不言実行の努力によって、短波長LDの基本構造がほぼ確立されたのである。

次々と誕生したキーテクノロジー

短波長LD開発のための人員は一九九五年に入ってさらに増強された。同年一月には反応に清久氏、デバイスに蝶々久美氏、測定に今泉幾子氏、庄野泰子氏、米田亜寿佳氏らが加わった。翌二月には松下俊雄氏、四月には梅本整氏、小崎徳也氏、佐野雅彦氏らの新入社員もプロジェクトに投入されたが、松下氏はさっそく量子井戸の活性層だけでは薄すぎて導波（結晶内に閉じ込めた光が伝播すること）しないことを指摘し、〇・一ミクロン厚の光のガイド層を設けることを提案している。

青色LDは、窒化インジウムガリウム（InGaN）の「活性層」をn型とp型の窒化ガリウム（GaN）の「ガイド層」で挟み込み、さらに全体をn型とp型の窒化アルミニウムガリウム（AlGaN）の「クラッド層」で挟み込むという複雑な構造をしている。光との関係で言えば、「活性層」で発光した光は上下の「クラッド層」に反射する形で「活性層」と「ガイド層」のなかを左右に移動し、さらに左右の端面にある共振器（ミラー）に反射、往復する形で閉じ込められた光がレーザー発振するという構造になっている。

その後、一九九五年一〇月には、長濱氏がInGaNの活性層にクラッド層のクラック（ひび割れ）を防止する作用があることを発見した。さらに、MOCVDグループは、InGaNの活性層をクラッド層の直前に成長させることによってAlGaNのクラッド層を厚膜で成長させることに成功し、その結果、ガイド層と活性層とを光導波路とする、AlGaN層による光の閉じ込めが可能になったのである。

一般に「分離閉じ込め型」と言われるこの方法は、短波長LDにおいても不動の基本構造となったが、もちろん一九九五年におけるキーテクノロジーの発明は、この「分離閉じ込め型」の技術だけではなかった。

たとえば、デバイスグループの杉本氏は、基板となるサファイアの割れる方向について実験と観察を繰り返した結果、この年の九月にM面（サファイア結晶の面方向の一つ）を強引にへき開することによるM面共振面の技術を開発している。あるいはまた、新入社員だった小崎氏と梅本氏は端面研磨の技術開発に取り組み、どこまでを鏡面にすればいいのか、研磨した面が平行になっているかなどを確認しながら、なかなか発振しないレーザーチップをダイヤモンドペーストで磨き続けたのである。

そのため、この小崎氏に前出の杉本氏と山田（孝）氏を加えた三名は技術者たちの間で「端面トリオ」などと呼ばれていた。

さらに、共振器面で光を増幅させるためには鏡（ミラー）が必要であるにもかかわらず、誘電体多層膜（絶縁膜を交互に積み重ねた膜）の成長に手間と時間を取られて実施されずにいた。そこで、「これでは発振できない」と進言した松下氏が一九九五年四月にみずからミラー工程担当者となり、端面でミラーを加工する方法とへき開面にダイレクトにミラーを取り付ける方法の二種類の方法で開発に取り組んだ。その結果、一〇月にはミラーと呼びうるものがようやく完成し、その後の開発は佐野氏に引き継がれていったのである。

喜びに湧いた一九九五年一一月一八日

しかし、分離閉じ込め方式が開発された一九九五年一〇月になってもレーザー発振は出現しなかった。技術者たちが一様に焦りの色を見せ始めるなか、高電圧で大電流を流すことのできる電源装置も導入されたが、発振検査では大電流のためチップそのものが燃えてしまい、プローバーと呼ばれる電極針も飛び散る火花のためチップに焼き付いてしまった。焼き付くまで電流を流しても発振しないチップを前に、技術者たちは「この材料で本当にレーザー発振するのか」という根本的な疑問すら抱き始めていた。

ところが、一九九五年一一月一八日土曜日、待望のレーザー発振はまたもやアクシデントの形で発生した。と言うのも、その日、技術者たちの目の前でレーザー発振してみせたLDチップは、それまで研究し続けてきたサファイアとは別のスピネルを基板としたチップであり、端面トリオの小崎氏がいわば行きがけの駄賃で研磨したノーマークのチップだったからである。

忘れもしない同日午後三時過ぎ、休日出勤していた長濱氏は、スピネルチップの電極にパルス電源の針をあて、いつものように徐々に電流を増やしていった。スピネルもダメかとあきらめかけたところで電流を一・三アンペアまで増やしてみると、突如としてそれまでのLED状態とは異なる青色光がチップから放たれ始めたのである。その青色光はレーザーポインターの光のように、青い光の点となって手や服や壁などに反射した。

そばで見ていた岩佐氏と妹尾氏は「これがレーザー発振なのか」と半信半疑だったが、

長濱氏、岩佐氏、妹尾氏が目にしていたのはまぎれもなく、世界初の常温による窒化物半導体のレーザー発振だったのである。

三人は同じく休日出勤していた向井氏を呼びにいくと同時に、電話をかけて関係する技術者全員を呼び集めた。目の前の青色光がレーザー発振かもしれないとの期待は、時間の経過とともにいよいよ疑う余地のない確信へと変わり、集まった技術者たちはそれぞれのやり方でそれぞれの喜びを表現してみせた。

妹尾氏がやはり休日出勤していた特許部の松下一郎氏のところへ行き、「ついにレーザー発振に成功しました」と告げると、松下氏は「ほんまか！」と言ったが早いか研究棟めがけて走り出した。電話で知らせを聞き自宅から駆けつけた山田（孝）氏は、青く鋭く発振するレーザー光を目にしたとたん感激のあまり涙した。ちなみに、妹尾氏によれば、その日遅く、自宅から会社に駆けつけた中村氏は「赤崎（名城大学教授）も発振したという噂を聞いた。（日亜化学は）負けてるかもしれんな」との言葉を口にしたという。

中村氏の言葉の意味が妹尾氏らに対する負け惜しみだったのか、はたまた喜びに対する照れ隠しだったのかは定かではない。いずれにせよ、翌々日の月曜日に端面をミラー加工したサファイア基板のチップで実験してもレーザー発振が確認され、さらにその週にへき開にダイレクトにミラーを取り付けたチップで実験してもレーザー発振が確認されたのである。つまり、紆余曲折はあったものの、レーザー発振へ向けた日亜化学の技術者たちの取り組みは確実に成功への道をたどっていたのである。

ＬＤ開発に対するこの間の中村氏の貢献度はきわめて低く、前述したように国内外行脚に東奔西走する毎日が続いていた。実際、複数の日亜化学の技術者によれば、当時の中村氏は「ダブルヘテロ構造さえできればレーザーもできる」という程度の認識しか持っておらず、そのため他の日亜化学の技術者からは「レーザーをまったく理解していない男」とまで言われていたというのである。

第五章　開発の真実③

「ノーベル賞に最も近い男」に寄せられ始めた「疑問」

販売も知的財産管理も「日亜方式」で

それでも中村氏の功績を称えた小川社長

世界初の常温による窒化物半導体のレーザー発振に成功した日亜化学は、その後、さらなるＬＤ（レーザーダイオード）開発を精力的に行うと同時に、産業用ＬＤを中心とするＬＤ事業の開拓を進めていった。

細菌兵器の検知を行う「バイオセンサー」、血液の分析や医療診断を行う「血球分析機」、印刷原版の作成を行う「コンピュータ・トゥ・プレート」、遺伝子やたんぱく質の分析を行う「ＤＮＡシーケンサー」、写真の現像を行う「ミニラボ」。これらの産業用機械の心臓部には、すでに日亜化学製の窒化ガリウム（GaN）系ＬＤが使われている。さらに、樹脂硬化、露光、バイオメディカルなどの関連機器でも、光源の日亜製ＬＤへの置き換えが進んでいる。

実は、徳島県阿南市にある日亜化学本社を取材した際、筆者は敷地内にある「Laser

Garden（レーザーガーデン）」で実に興味深いモニュメントを目にした。そのモニュメントには次のように書かれていた。

〈一九九五年一一月一八日午後、長濱慎一氏は、InGaN系での室温レーザー発振を世界で最初に観察した人となりました。この研究は四宮源市部長の下で、中村修二主幹研究員、向井孝志係長、妹尾雅之主任、松下俊雄主任、岩佐成人氏、山田孝夫氏、杉本康宜氏、佐野雅彦氏、清久裕之氏、小崎徳也氏、梅本整氏等のほか、大勢の協力者の努力の結晶として生まれました。この世界に輝く研究成果を記念してこの庭園を開きました。／庭園完成日一九九九年四月　二〇〇二年七月一五日小川英治〉

このモニュメントのどこがそんなに興味深かったのかと言えば、「大勢の協力者」の一人として「中村修二主幹研究員」の名前が刻み込まれていたからである。

レーザーガーデンそのものが完成したのは、中村氏がまだ日亜化学に在職していた一九九九年四月のことである。しかし、小川英治社長の名前が入ったこのモニュメントが建てられたのは、中村氏が日亜化学を提訴したおよそ一年後にあたる二〇〇二年七月のことなのである。しかも、第四章で詳述したように、事実上、中村氏はレーザーダイオードの開発にはほとんどタッチしていない。

にもかかわらず、小川社長は「すべての成果は社員全員の努力の結晶」との信念から、開発組織の一員だった中村氏の名前をわざわざモニュメントに刻み込んだのである。もし中村氏がこの事実をもって、「私もＬＤ開発に大きく貢献した」「だから相当の対価を支払え」などと主張しているとすれば、もはや裁判以前の人間性の問題に関わってくると言わざるをえない。筆者としては、さしもの中村氏もさすがにそうは考えていまいと、ひたすら祈るばかりの心境である。

実を言うと、モニュメントの一件からさらに一年後の二〇〇三年九月一九日、小川社長は窒化物ＬＥＤ開発、すなわち「世紀の発明」と言われた青色発光ダイオード開発の技術功労者に対して金メダルを授与している。この企ては日亜化学の競合相手であるルミレッズ（ＬＵＭＩＬＥＤＳ）社のホルト（Holt）社長と小川社長の共同発意によるものだが、日亜側では以下の二五名の技術者たちが両社長からそれぞれの功績を称えられた。彼らはライバル会社の社長が認める、新ＬＥＤ産業を生み出した技術者なのである。

基本は「いいものを上手につくる」こと

すなわち、妹尾雅之氏（Ｐ／Ｎ接合のInGaN-LEDを開発）、岩佐成人氏（ｐ型化アニール法を開発）、向井孝志氏（ＤＨ構造InGaN-LEDを開発）、長濱慎一氏（同）、谷沢公二氏（同）、三谷友次氏（同）、山田元量氏（電極工程開発）、山田孝夫氏（同）、杉本康宜氏（同）、板東完治氏（量産プロセスの開発）、森本恵美氏（同）、坂東正士氏（同）、岸明人氏（同）、清水義則氏（白色ＬＥＤ開発）、阪野顕正氏（同）、森口敏生氏（同）、野口泰延氏（同）、永井芳文氏（ＬＥＤディスプレイ開発）、大黒弘樹氏（同）、村田隆氏（量産設備開発）、海野育陽氏（同）、芝山保氏（同）、武田謹次氏（同）、松下一郎氏（知的財産管理構築）、四宮源市氏（技術開発統括）という二五名の歴戦の日亜技術者である。

もちろん、この技術功労者のなかに中村氏の名前はない。このとき中村氏はすでに日亜化学を退職していたのだから、社員として表彰しようにもしようがなかったのである。しかし、小川社長の心中を思えば、おそらくここに「中村修二氏（GaN研究着手提案者）」と入れたかったのではないだろうか。たとえその技術が青色ＬＥＤ開発の決定的なキーテクノロジー、中村氏の言葉を借りれば「怒りのブレイクスルー」ではなかったとしても、である。

実際、小川社長はそのように発想するタイプの経営者であり、そうせずにはいられない人間性の持ち主でもある。仮に中村氏が日亜化学に在職し続けていたとすれば、その後に開発された数々のキーテクノロジーが中村氏本人の手になるものではなかったという事実は別として、中村氏は日亜技術陣を代表するスター技術者でいられたに違いない。

さらに言えば、第四章でも指摘したように、LED事業の展開にあたって、小川社長は肝に銘ずべき「六つの指針」を打ち出した。しかし、それらの指針は意外にも販売や知的財産管理をはじめとする研究開発以外の分野に重点が置かれていた。便宜上、第四章では研究開発のみに光をあてたが、小川社長もしばしば強調するように、研究開発の成果に販売や知的財産管理などの努力が加わって初めて事業は成功に導かれるのである。

実際、青色発光ダイオードの開発に成功したとたん、日亜化学には国内外の名だたるメーカーからさまざまなオファーが持ち込まれた。当時、LEDの分野で世界有数と言われていたある海外のメーカーからも「当社の持つ世界的な販売網を利用して商売をしてみないか」といった話が持ちかけられた。日亜化学のような地場企業にとっては魅力的な話ではあったが、小川社長は六つの指針をタテに一切検討の対象にはしなかったという。

いかにも日亜らしいその理由について、小川社長は筆者にこう語っている。

「当社（日亜化学）の基本姿勢はあくまでも『いいものを上手につくる』ことにある。そのためには、ユーザーの生の声に耳を傾ける必要があり、まず営業担当者や技術者がユーザーを直接訪問して情報を集め、次にその情報を製品開発にフィードバックさせていかなければならない。この基本姿勢は、当社が経営資源の乏しい地場企業だからこそ、絶対に譲ることのできないポイントだった」

「二二分の一」にすぎない「四〇四特許」

この小川社長の言葉を裏づけるように、一九九三年に山田国弘氏、久野修一氏、宮崎和人氏、小川裕義氏、廣田英孝氏の五名でスタートした営業活動は、その後、日本国内から世界九か国へと拡大していった。実際、一九九三年には本社一、東京二、大阪二の合計五名(三拠点)しか自前の営業要員がいなかったのが、九年後の二〇〇二年には本社九、東京二九、大阪一三、名古屋八、台湾五、ランカスター一、デトロイト九、ドイツ四、オランダ四、シンガポール三、上海一、ソウル二、香港二の合計九〇名(一三拠点)にまで国内外の営業網が整備されていったのである。

同じことは知的財産管理についても言うことができる。知的財産管理を担当する知財部は中村氏が日亜化学を提訴したことで思わぬ多忙を極めることになったが、もともと知的財産管理に対する日亜の基本姿勢は「知的財産権の一方的な譲渡は行わない」ことにあった。志を理解し合えるパートナーとは積極的にアライアンス関係を構築するが、中村氏のようにかけがえのない特許を利得目的に利用することなどありえない話なのである。

このような断固たる姿勢で知的財産権の管理にあたったのは知財部の松下一郎氏と山本弘幸氏だが、前述したLED開発とLD開発を通じて日亜化学が保全すべき知的財産権も膨大な数に達した。事実、九〇年にはLED部門でわずか二件しかなかった特許公開件数は一〇年後の二〇〇三年には七二八件にも膨れ上がったほか、特許登録件数は〇件から二一二件、実用新案公開件数は〇件から九件、実用新案登録件数は〇件から五件へと、まさに会社始まって以来の知的財産権ラッシュが続いたのである。

もちろん特許の価値を件数だけで計ることはできないが、中村氏が金科玉条のように主張する「特許」は全体から見ればわずか「二一二分の一」のものでしかなく、かつ、重要度から言っても限りなくゼロに近いものにすぎなかったのである。

ちなみに、研究開発から生産、販売、知的財産管理などを含めた全社員の取り組みによって、日亜化学におけるLEDとLDを合わせた総売上高は一九九三年の四億円から二〇〇二年の八九二億円へと劇的に伸びている。しかし、その一方で、LEDとLDに関連する試験研究費は一九九三年の一四億円から二〇〇二年の八九億円へ、同じくLEDとLD

に関連する設備投資額は同九億円から同九七億円へ、日亜化学全体の借入金残高は同五八億円から同五〇三億円へと、必要コストも劇的に増加しているのである。

二〇〇二年のLEDとLDを合わせた総売上高からこれらの必要コストを単純に差し引くと日亜化学には二〇三億円しか残らない計算になるが、さらに自己資本コストをはじめとするもろもろのコストを差し引いた場合に大幅な赤字となる点は第二章で詳述したとおりである。総売上高だけに目をつけて六三九億円（二〇〇億円は内金）もの「正当な報酬」を要求した中村氏は、自分のポケットマネーでツーフロー方式なる特許を開発したとでも言いたいのだろうか。

あらためて浮き彫りにされた問題点

田中耕一氏が中村氏に苦言を呈した!?

ノーベル化学賞受賞後も島津製作所のフェローとして古巣に勤め続ける田中耕一氏は、二〇〇三年一一月に福岡工業大学で開かれたノーベル賞受賞者を囲むフォーラム「二一世紀の創造」の基調講演でこう述べている。

〈私たちの開発チームは化学、物理、電気などさまざまな分野の技術者集団で、誰一人欠けても質量分析法は完成できなかった。日本のお家芸、チームワークの勝利だと思う〉

〈最近は学問に明確な境界がなくなり、融合分野から独創的な技術がたくさん生まれている。融合分野で成果を出すための優れた方法の一つが、異分野の混成チームによる研究開発だと信じている〉

〈こうしたチームワークこそ、日本社会が得意とするところだ。欧米流の方法だけでなく、日本独自の創造性を生むシステムを生かすべきだ。チームワークといっても、もちろんたんなる仲良しクラブではいけない。おたがいに切磋琢磨する健全な競争がなければ、進歩がないことは言うまでもない〉

さっと読み飛ばしてしまうとなんの変哲もない主張に思えるが、実は、田中氏はここで日本の技術者と日本の技術開発のあり方に対してきわめて重要な指摘を行っている。いや、それどころか、中村氏が日亜化学を提訴した一件を言外で批判しているのではないかと思われるほど、その主張は辛辣である。

田中氏の主張を筆者なりの言葉で翻訳すれば、次の三点に集約することができる。

①ノーベル化学賞を受賞した質量分析法は技術開発スタッフの誰一人が欠けても実現しえなかった

②チームワークによる技術開発は日本のお家芸であり、学問の境界がなくなる今後はこのお家芸がますます重要になる

③欧米流の方法に流されることなく、日本のお家芸を生かした独自の技術開発のシステムを構築すべきである

不思議なことに、あらゆる点において、ノーベル賞を受賞した田中氏の主張は、「ノーベル賞に最も近い男」と言われる中村氏の主張の対極に位置している。このことは、中村氏が古巣である日亜化学に突き付けてきたこれまでの主張を、田中氏の先の主張に重ねて翻訳してみれば、いっそう鮮明になるだろう。たとえば、こんな具合にである。

①ツーフローMOCVDは私一人で開発した技術であり、この技術がなければその後の技術開発もありえなかったのだから、その後の技術開発もすべて私が行ったことになる

②技術開発に必要なのは私のような「たった一人の天才」技術者の存在であり、その他の技術者はたった一人の天才技術者の言うことを聞いてさえいればいい

③日本の技術者は欧米の技術者をもっと見習い、自分が会社のカネで開発した特許や技術を個人的に売り込んで、自分のための金儲けに生かすべきである

株の失敗から古巣を提訴した可能性も

実際、欧米の技術者や研究者には、次のような商売人が無数に存在している。すなわち、まず、会社や大学のカネを使って開発した技術、それも実際には部下が開発した技術を、自分が開発した技術として特許を取得する。次に、その特許を他社に持ち込んだり、あるいはみずから会社を設立したりして、打ち出の小槌と言われるストックオプション（株の引受権）を手に入れる。そして、マスコミを利用して話題を煽るだけ煽った後、株価が最高値に達したところですべての株を売り払い、インサイダー取引すれすれの濡れ手で粟の大儲けを企む、という株屋も顔負けの商売人たちである。

おそらくは中村氏も欧米流のこんなサクセスストーリーを夢見ていたのではないか。ストックオプションをめぐる中村氏とクリー社、あるいはクリー社の関連会社などとの知られざる関係については第六章で詳述するが、その一方で中村氏にはストックオプションによって当初期待したような利益を上げられなかったのではないかとの指摘も囁かれてい

る。しかも、その間、古巣である日亜化学との間で「ツーフローMOCVD」の特許権の帰属をめぐるトラブルも絶えなかった。つまりは、中村氏がそんなこんなの腹いせからついに日亜化学を提訴するに至ったという可能性も否定できないのである。

さらに言えば、第一章でも問題提起したように、中村氏をクリー社に接近させた人物、あるいは中村氏に日亜化学への提訴を踏み切らせた人物の存在も否定できない。中村氏自身が日亜時代の国内外行脚を通じて次第に欧米流の考え方に染まっていったことは著作物などからも明らかだが、筆者としてはやはり日亜化学の一技術者にすぎなかった中村氏をそそのかした何者かの影を想起せざるをえないのである。もちろんその人物が誰であるかを明確に指摘することはできないが、その意味では中村氏もまた米国思想の犠牲者の一人だったと言うこともできるだろう。

しかし、これまで折に触れて指摘してきたように、中村氏が特許権の帰属を求めていた「四〇四特許」、すなわち「ツーフローMOCVD」の技術は、主として次に整理する三つの点で、中村氏が主張してきたような技術ではありえなかったのである。

①当時、「ツーフロー」の技術自体はMOCVDを含むCVD分野の公開特許公報（たとえば特開昭63—76119号公報）に記載されており、業界では既知と言える技術だ

った

②「ツーフローMOCVD」は日亜化学におけるLED開発やLD開発のキーテクノロジーではなく、真にキーテクノロジーと呼びうるのはその後の「p型化アニール」に始まる数々の新技術だった

③中村氏は「p型化アニール」以後のキーテクノロジーの開発者ではなく、むしろ開発を進言した部下の技術者に対して否定的かつ消極的な態度を取り続けていた

しかも、中村氏は「ツーフロー」で「窒化ガリウム」を結晶させたところに斬新さがあると主張しているが、その後、中村氏が採用した「ツーフロー」の技術は日亜化学ですら使用されなくなったばかりか、当時、中村氏が結晶化に成功したレベルの「窒化ガリウム」の結晶はすでに他の研究機関や会社でも別の方法で結晶化することができていたのである。

ブレイクスルーの結節点に咲いた「徒花」

事実、日本における窒化物研究の権威の一人と言われている名城大学の赤崎勇教授は、田中耕一氏が基調講演を行った前出のフォーラム、「二一世紀の創造」の名城大学天白キ

ャンパス会場での意見表明で、研究の足跡について次のように語っている。

〈青色LEDを実現するためには、特別な半導体が必要だ。その材料として私は窒化ガリウムに目をつけた。だが、結晶化が非常に難しく、実用化するのは不可能と言われていた〉

〈研究は最初、一人旅。だが、途中から何人かの部下に手伝ってもらった。いまから考えると、ものになるかわからない研究を手伝ってもらって申し訳ないと思っている。そして、たくさんの人の努力のおかげで一九八五年、それまでとは見違えるようなきれいな窒化ガリウムの結晶ができた〉

〈結晶化の難しさもあり、この分野は一九七〇年代後半、ほとんどの研究者が撤退していた。だが、この成功が出発点となり、研究者、論文の数が急増した。そして、いまでは、私が予想しなかったほどの分野に成長している。省エネ、省資源で環境に悪影響を及ぼさない窒化物半導体は今後も活躍するだろう〉

〈「人の行かぬ道に花あり」という言葉があるが、私は誰も行かなかった道に歩み入り、そこで花を見つけたと思っている〉

中村氏がツーフローMOCVDによって窒化ガリウムの結晶化に成功したのは一九九〇

年のことだが、赤崎氏は中村氏に先立つはるか五年前の一九八五年に「それまでとは見違えるようなきれいな窒化ガリウムの結晶」をつくることに成功していた。つまり、「ほとんどの研究者が撤退していた」窒化物半導体研究の歴史で言えば、「人の行かぬ道」に分け入って「そこで花を見つけた」のは赤崎氏であり、中村氏は「この成功が出発点となり、研究者、論文の数が急増した」なかの一人の研究者、いや技術者にすぎなかったのである。

そして、筆者は、先の田中氏の基調講演の場合と同様、赤崎氏のこの意見表明にもまた中村氏に対する言外の批判が込められているのではないかと感じている。赤崎氏は同じ意見表明で〈論語に「文質彬彬」という「外面と内面が調和して優れている」という意味の言葉があるが、この結晶は外見だけでなく、中身の性質も格段にいい。半導体として初めて機能を発揮できる結晶になった〉とも語っているが、この言葉を外見と中身が大きく異なる中村氏への痛烈な皮肉と感じてしまうのははたして筆者だけだろうか。

誤解を恐れずに言ってしまえば、中村氏が開発したツーフローMOCVDの技術は、赤崎氏をはじめとする先人たちの地道な研究と、中村氏以外の日亜化学の技術者たちが開発した数々のブレイクスルーの結節点に咲いた、「徒花」のような存在だったのである。

真の科学者に求められる「資質」とは

「頭のいい」技術者が持つ致命的な限界

日立製作所基礎研究所の主管研究長（フェロー）で、ホログラフィー電子顕微鏡の開発者として知られる外村彰氏は、『知の歴史　世界を変えた二一の科学理論』（徳間書店）に寄せた「電子のさざ波」なる一文の冒頭でこう書いている。

〈偶然は、一般に考えられているより、科学的発見の歴史の中で大きな役割を演じている〉

また、「天災は忘れたころにやってくる」の至言で知られる物理学者で随筆家の寺田寅彦は、「科学者とあたま」と題した随筆でこう書いている。

〈頭の悪い人は、頭のいい人が考えて、はじめからだめにきまっているような試みを、一生懸命につづけている。やっと、それがだめだとわかるころには、しかしたいてい何かしらだめでない他のものの糸口を取り上げている。そうしてそれは、そのはじめからだめ

な試みをあえてしなかった人には決して手に触れる機会のないような糸口である場合も少なくない〉

考えてみれば、現在の科学者と過去の科学者によるこの二つの文章は、日亜化学における青色ＬＥＤと青色ＬＤの開発の実相をはからずもものの見事に言い当てている。

実際、青色ＬＥＤや青色ＬＤの開発は、技術者たちの「失敗」というアクシデント、そしてそのアクシデントに続く「幸運な偶然」がなければ実現しえなかった。前出の田中氏もノーベル化学賞受賞の報に接して「失敗が今回の発明につながった」と語っているが、偉大な科学者たちが一様に口にするこの「失敗」はたんなる試行錯誤とは違う。つまり、そこに「幸運な偶然」という人知の及ばない力が加わって初めて発現する「発明の母」であり、だからこそ、技術者には小川社長の言う「天を畏怖し、天に感謝する敬虔さ」が求められるのである。

同時に、青色ＬＥＤと青色ＬＤを開発した日亜化学の技術者たちは、寺田寅彦の言う「頭のいい人」たちではなかった。日亜化学で「頭のいい人」だったのは「はじめからだめな試みをあえてしなかった」中村氏で、他の技術者たちは「はじめからだめにきまっているような試みを、一生懸命につづける」ような「頭の悪い人」たちだった。しかし、彼らは「頭のいい人」には「決して手に触れる機会のないような糸口」を探し出して、ついに「世紀の発明」を成し遂げたのである。

逆に言えば、「頭のいい」科学者には、それゆえに致命的な限界が存在しているということになる。

「金が欲しいわけではない」は本当か

実は、今回の取材を通じて後にも先にもたった一度だけ、小川社長は中村氏に対して感情をあらわにして反論した。それは、中村氏が「窒化物半導体の研究開発を続けようとしている自分に小川社長が突如としてストップをかけた」という趣旨の主張をあちこちで展開している一件だった。

事実、中村氏は共著『赤の発見　青の発見』のなかで次のように述べている。

〈窒化ガリウムの場合も何回もトップから命令が来たのです。二代目の社長なんですが。あれは九一年くらいだと思いますが、ウチに大手半導体メーカーの偉い人が訪問されて、その人は社長が気に入った人でね。私の研究室に来られたから、ＭＯＣＶＤを見せたんです。「中村さん、何をやられているんですか?」って聞くけど、秘密にしていることがあ

ったから、「いや、ちょっと」とお茶を濁しておいた〉

〈そしたら、ＭＯＣＶＤだったら、いまはＨＥＭＴ（高電子移動度トランジスタ。現在の携帯電話などに使われている素子）をやったら儲かりますよ、と言うんです。「ＨＥＭＴは今後伸びるから、ガリウム・ヒ素でＨＥＭＴをやったらいい」って言うんです。そのことを社長に言ったんです。そしたら社長は、「窒化ガリウムなんて、わけのわからんことは即刻やめろ。直ちにＨＥＭＴをやれ！」です〉

きわめて具体的なシチュエーションが述べられているため思わず納得してしまいそうなエピソードだが、小川社長は筆者に対し「私がそんなことを言うはずがないし、またそれらしきことを言ったこともない」ときっぱりと否定している。また、私の接した当時を知る日亜化学の従業員は、誰もが中止命令など出たことはないと否定している。事実、その後も窒化物半導体の研究開発は主として中村氏以外の技術者によって続けられ、これまで縷々述べてきたようないきさつによって青色ＬＥＤと青色ＬＤは実際に開発されているのである。通常の会社で中止命令が出れば、それに反対しようものなら、即人事移動か原料ストップである。それが全く行われないのだから、中止命令などあるはずのないことは明白である。しかも、当時、小川社長と中村氏が反目し合っていたという話もまったく聞こえてこない。

もちろん言った言わないは永遠の水掛け論になってしまうが、前述した「小川社長の代になってから社内の雰囲気がガラリと変わった」という中村氏の主張と同様、やはり後から考えた理屈と判断するのが妥当のようだ。なぜなら、社長から中止命令が出たにもかかわらず自発的に研究開発を続けて「世紀の発明」の基礎を築いた、というシナリオであれば、裁判にもきわめて有利に働くからである。事実、中村氏は社長による中止命令の一件を裁判で強調している。

カネになると見れば手当たり次第に訴訟を起こし、訴訟に勝つためには白いものでも黒と言い放つ。このような訴訟社会を是とする欧米流の考え方の是非は別としても、少なくともこのような考え方は「頭の悪い」科学者のそれではない。ちなみに、今回の日亜との裁判について、「頭のいい」科学者である中村氏は自著『21世紀の絶対温度』のなかで次のように自説と釈明を披瀝している。

〈もしも私が勝訴し、企業のシステムに変化が起きた場合、優秀な理系出身者が画期的な発明をすれば、報酬という形で必ず報われることになる。同時に「発明により産業を盛んにし、国民を豊かにする」という特許法本来の目的にも合致する。（中略）大げさに言

えば、この裁判の結果は、日本再生に大きな影響を及ぼす〉
〈（前略）私は別に金が欲しいわけではない。本当に欲しいものは、学問の自由である。静かに自分の研究に没頭できる環境である。もし仮に、日亜化学が米国での私に対する訴訟を取り下げるのなら、私もすぐに日本での訴えをやめるつもりであった。しかし現在は心境が変化してきている。それはあまりにも日亜化学が横柄であり、あまりにも日本のサラリーマンが哀れだからである〉

根拠薄弱な「中村応援本」の正体

中村氏のこの自説と釈明に対する評価は読者に委ねたいが、本章を締めくくるにあたり、「中村応援団」とでも呼ぶべき人々の手になる「中村本」についても触れておきたい。

取り上げるのは「中村本」の代表格とも言うべき『中村修二の反乱』（畠山けんじ著、角川書店）と『日本を捨てた男が日本を変える』（杉田望著、徳間書店）の二冊だが、両書とも中村氏の一方的な主張にほぼ丸乗りする形で書かれていることは言うまでもない。

したがって、青色ＬＥＤから青色ＬＤへの開発プロセスのディテールは中村氏自身のそれまでの主張とほとんど同一だが、筆者が唯一とも言っていい興味を引かれたのは著者の考え方がダイレクトに書かれているいわゆる「あとがき」の部分だった。

たとえば、畠山氏は「あとがき」に相当する「維新前夜」でこう述べている。

〈ある意味で中村は、日本社会の幸福論を破壊しようとしていると言ってもいいだろう。日本社会の幸福論とは欺瞞のことだと、中村は言っているのだ。欺瞞とは、建前と言い換えても構わない。建前とは、本音を隠しながら目的を達するための手段のことであり、建前がまかり通ることになったのは、本音を隠させた方が為政者は統治し易いからだ〉

本当だろうか。勝ち馬に乗るマスコミ的幸福論とはおよそ正反対のスタンスで取材を続けてきた筆者には、日亜化学を退職して以後の中村氏の一挙手一投足こそ「本音を隠しながら目的を達するための」建前、すなわち欺瞞に思えてならないのだが。

あるいはまた、杉田氏は正真正銘の「あとがき」で次のように書いている。

〈事実のとらえ方は、人によって異なる。その意味で小説というのは、必ずしも事実を明らかにすることには本旨はおかない。明らかにしたいと思うのは、登場人物たちの気分や感情であり、私の場合は、彼ら（筆者注・中村氏とその代理人弁護士を指す）が考える正義についてだ。（中略）つまり事実と事実の間に隠されたいま一つの「真実」を発見することが作家の喜びでもある〉

こう巧妙に逃げられては反論のしようもなくなるが、それにしてもわけのわからない口上である。「必ずしも事実を明らかにすることに本旨はおかない」と言いながら、「事実と事実の間に隠されたいま一つの『真実』を発見することが作家の喜びでもある」と切り返し、あげくには「明らかにしたいと思うのは、彼らが考える正義」だと言うのである。

これではこの「ドキュメント・ノベル」とやらに書かれた内容が本当か嘘かもはっきりしないではないか。もっと正直に「中村氏らの主張を鵜呑みにしてドキュメントもどきのノベルを書いてみたが、事実の裏付けはまったく取っていないので内容には責任が持てない」と言えばいいのである。

第六章　注目の「東京地裁判決」と「残された問題」の行方

「仰天判決」に込められた「含意」

お決まりの「暴走」を演じたテレビと新聞

中村修二氏が古巣の日亜化学を提訴していた特許裁判は、二〇〇四年一月三〇日、東京地裁で「相当の対価」に関する一審判決が言い渡された。注目の判決が、「被告（日亜化学）は原告（中村氏）に対し二〇〇億円を支払え」という、原告ですら予想しえなかった仰天の判決であったことは周知のとおりである。

前述したように、問題の「四〇四特許」については、二〇〇二年九月一九日の中間判決で中村氏側の主張は退けられ、特許権は日亜化学に帰属するとの判断が示された。その後、裁判の争点は「四〇四特許」をめぐる「相当の対価」に移り、中村氏側は請求額を当初の二〇億円から五〇億円、五〇億円から一〇〇億円、一〇〇億円から二〇〇億円へと吊り上げていった。判決で示された「二〇〇億円」はちょうどその満額にあたっていた。

判決はまず、青色発光ダイオード（青色ＬＥＤ）の生産が本格化した一九九四年から

「四〇四特許」の有効期限が切れる二〇一〇年までの青色LEDによる日亜化学の売上高を一兆二〇八六億円と算定した。そのうえで仮に日亜化学が「四〇四特許」の使用を他社に許可した場合の他社の売上高を一兆二〇八六億円の二分の一と見積もり、さらに日亜化学はその見返りとして二〇％の特許実施料を得られたはずであると推定した。そして、その特許実施料に相当する一二〇八億六〇一二万円に対する中村氏の貢献度は五〇％は下らないとして、その半額にあたる六〇四億三〇〇六万円の請求権を原告である中村氏に認めたのである。

すでに何度か指摘したことだが、中村氏が最終的に求めていた「相当の対価」は六三九億円であり、二〇〇億円はその内金にあたっている。請求額が六三九億円ではなく二〇〇億円とされたのは提訴に必要な印紙代が高額になりすぎるためだが、判決は六三九億円に近い六〇四億円の請求権を認めたのだから、本来の請求額から見てもほぼ満額に近い額が認められたことになる。実際、中村氏側は、即日、新たに六〇四億円の請求を行うとの意向をマスコミにほのめかしている。

この判決の前日にあたる一月二九日には、東京高裁が外国に登録した特許によって得られた利益も対価計算の対象になりうるとの初の判断を示し、被告である日立製作所に対し特許をめぐる相当の対価としては過去最高額となる一億六〇〇〇万円の支払いを命じて注目を浴びた。その翌日に過去最高額の四〇〇倍に近い六〇四億円の請求権を認める判決が飛び出したのだから、まさに二重の意味で歴史に残る仰天判決だったと言っていい。

言うまでもなく、テレビや新聞はこのニュースをトップ級の扱いで伝えた。しかも、その扱い方は、中村氏が日亜化学を提訴したときと同様、中村氏には好意的、日亜化学には批判的という、お決まりの構図だった。

なかでも、判決当日の『ニュースステーション』（テレビ朝日）は、中村氏本人とその訴訟代理人である升永英俊弁護士をペアーで生出演させ、一方的とも言える調子で中村氏側の「全面勝訴」を賛美した。事実、第二章でも指摘したメインキャスターの久米宏氏などは、わざわざ判決文にある次のようなくだりを二度にわたって読み上げ、日亜化学側をこき下ろしてみせたのである。

〈本件は、（中略）小企業の貧弱な研究環境の下で、従業員発明者が個人的能力と独創的な発想により、競業他社をはじめとする世界中の研究機関に先んじて、産業界待望の世界的発明をなしとげたという、職務発明としては全く稀有な事例である〉

当日のコメンテーターを務めていた経済アナリストの森永卓郎氏が、唯一、「でも、中村さんの研究を手伝った他の技術者もいたでしょう」と突っ込むと、中村氏は「いえ、すべて私一人でやりました」と言い張った。森永氏がなおも「（他の技術者に）焼肉くらいはおごったんですか」と水を向けると、中村氏は不快感を滲ませながら「いえ、私一人でやったんです」と繰り返したのである。

中村氏は「私一人でやった」と繰り返しているが、当時の日亜化学は従業員三〇〇人を超す中堅企業であり、研究棟と名付けられた六階建ての建物の一、二階内には高価な分析装置が並べられており、決して貧弱な研究環境ではなかった。

さらに、ＭＯＣＶＤ装置を改造するにあたっては、自前の工務課が短時間でステンレスの配管から溶接まですべての作業を行い、石英加工は購買課に頼めば業者に納期の短縮を依頼できた。さらにGaNの検査設備にしても中村氏が必要とするものはすべて揃えていたのである。

現在でも、日亜化学の研究施設を見学した多くの大学教授は一様にその施設の内容を見て、「この分野でこれだけ充実した研究施設を持っているところは世界中どこの大学、会社にもない」と言っている。

このように日亜化学では、研究者には決して貧弱と言わせない研究環境を整えていたのである。

東京地裁は本質部分の「判断」を留保した

この言葉を含めた中村氏の主張に対する再反論はひとまずおくとして、青色ＬＥＤ開発の真相を丹念に取材してきた筆者としてはまず、多くのマスコミが今回の東京地裁の一審判決を「誤読」しているという点を指摘しておきたい。多くのマスコミが「誤読」しているると思われるのは、少なくとも次の四点である。

①東京地裁が二〇一〇年までの日亜化学の売り上げを一兆二〇八六億円として、仮に四〇四特許をライセンスしていたならば、その半分にあたる売り上げが豊田合成とクリー社のものであったとする点

②そして、その半分の売り上げの実施料率が二〇％もの高率である点

③二〇％もの高額の実施料率を掛けた金額一二〇八億六〇一二万円が日亜化学の「独占の利益」と判断した点

④③の「独占の利益」に対する中村氏の「貢献度」を五〇％と判断した点

①について、日亜化学でもわからない来年の売上高、時には年度途中で修正しなければ

ならないような売上高を、裁判所が五年先、六年先まで判断したということ自体、まったく無謀である。

②についても、クリー社、豊田合成が不必要な特許、他社ではまったく使わない四〇四特許（中村氏も裁判の中でクリー社、豊田合成が実施していないことは認めている）の実施料がなぜ二〇％もの高率になるのか、その根拠について判決にはなにも貫かれていない。

③についても、中村氏側は監査法人トーマツの鑑定書に基づき、「四〇四特許」で得られた日亜化学の超過収益を三三八〇億八二〇〇万円と主張していた。対する日亜化学側は新日本監査法人の鑑定書に基づき、「四〇四特許」で得られた日亜化学の超過収益は存在せず、むしろ一四億九〇〇〇万円の損失が生じたと主張していた。結局、東京地裁はいずれの主張にも与することなく、〈被告会社が本件特許発明を独占することにより得ている利益（独占の利益）〉というまったく別の視点から、一二〇八億六〇一二万円という数字を弾き出したのである。

もちろんこの金額自体が破格であることは否定しないが、問題の本質は東京地裁が両者の主張のほぼ中間を睨んで判断したという点にある。どちら寄りかで見ればむしろ日亜化学側の主張に近いとさえ言えるのだが、要するに東京地裁はどちらにも与しない中間点に判決を落とし込むことによって明確な判断を留保したとも考えられるのである。多くのマスコミは金額に目を奪われて、この本質部分を見落としていると言っていい。

④については、疑問の余地はほとんどない。

青色LEDによって得られた日亜化学の利益（前述したように両者で金額は異なる）をめぐっては、中村氏側が利益に対する「四〇四特許」の貢献度を一〇〇％と主張していたのに対し、日亜化学側は利益に対する「四〇四特許」の貢献度を〇％と主張していた。東京地裁は、四〇四特許の貢献度については、他にMOCVD装置が市販されているにもかかわらず代替技術がないと判断した。しかも他社がライセンスした場合の実施料率を何の根拠もなしに二〇％と決めつけているのである。たかだか「一〇〇円」程度のLEDに二〇％もの実施料を払う企業が、世の中にあるのだろうか。

このような前提に立てば、今回の一審判決はマスコミが考えているほど自明なものではない。事実、三村量一裁判長は、午後三時から始まった判決言い渡しの最後で、「（本件は）将来の売り上げが大きい特殊事例。（本件の）高額な対価をただちに一般化するには議論があろう」と付言している。この付言は、結果的に高額判決となったことに対する裁判所としての牽制、あるいは今回の判決が他の特許裁判に及ぼす影響を懸念しての裁判所としての配慮と考えられるのである。

にもかかわらず、多くのマスコミは高額判決の事実のみをしきりに煽り立て、中村氏を組織との闘いに勝利したヒーローに祭り上げた。テレビや新聞の限界をフォローすべき活字メディアの一部もその例外ではなく、事実、『週刊朝日』は二〇〇四年二月一三日号でさっそく中村氏へのインタビューを掲載し、中村氏の主張を一方的に報じている。しかも、「青色発光ダイオード訴訟で空前の200億円」「サラリーマン研究者も夢を持とう」と銘打たれたこの記事では、中村氏のプロフィールを紹介する形で「本誌連載『負けてたまるか！』をまとめた単行本が朝日新聞社から3月に刊行予定」と宣伝されているのである。

日本を代表する新聞社としてもう少し骨のある見識を示してほしかったというのが、筆者の偽らざる感想である。

一審判決で露呈した特許裁判の「限界」

「判決」と「特許」に関する日亜側の主張

今回の一審判決を受け中村氏側が新たに六〇四億円の訴訟準備を進めていることは前述したとおりだが、当然、日亜化学側も中村氏側の動きを手をこまぬいて傍観していたわけではなかった。事実、日亜化学は、即日、東京高裁への控訴を決定すると同時に、かなり突っ込んだ内容を含む公式のコメントをマスコミ向けに発表している。

コメントは「判決」に関するものと「四〇四特許」に関するものとの二種類に分かれていたが、いずれのコメントでも争点の核心をなす重要な主張が展開されている。事実、「四〇四特許訴訟の判決についてのコメント」には、舌鋒鋭く次のように書かれていた。

〈青色、緑色、白色等の短長波ＬＥＤ、ＬＤ製品は数多くの特許権及びノウハウからなっており、製品はさらにそれに多くの付加価値がついていることは自明であるのに、本判決はそれを見落とし、本訴訟の対象となっている唯一の特許権をあまりにも過大評価して、他の多数の研究開発者及び企業の貢献を正当に評価しない不当な判決であり、直ちに控訴する。

本件原告のように、ノーリスクで終身雇用或いは安定収入という企業の中にあって、巨額のリスク負担をした企業に破天荒とも言える巨額の成功報酬を請求することは、安定収入と巨額のリスク報酬の二重取りを求めるものであって理論上許されないことであり、もしそのような二重取りが認められれば日本企業の研究開発活動は成り立たない。弊社は、今後もその点を正々堂々と主張していく所存である〉

このコメントでは、青色ＬＥＤをはじめとする日亜化学のＬＥＤ製品、ＬＤ製品が数多くの特許やノウハウによって製造されていること、そして中村氏の請求は安定収入とリスク報酬の二重取りを意味していることに主張の重心が置かれている。しかし、日亜化学側は、中村氏側が唯一の拠り所としている「四〇四特許」に対しても、もう一つの「４０４特許裁判について」なるコメントで、次のように厳しい反論と見解を展開している。

〈本訴訟は青色ＬＥＤ全体に対する訴訟ではなく、４０４特許と呼ばれるGaN系結晶の製造方法に関する特許１件についての対価訴訟である。

青色ＬＥＤの発明は４０４特許以外の数多の研究成果によってなされたのであるが、原告は４０４特許の寄与率が１００％であると主張しているにすぎない。当社は４０４特許の寄与率は〇であると確信している。

なぜならば、４０４特許の方式では現在のような優れた製品はできない。しかも、当社では４０４特許が登録される以前から、青色ＬＥＤの製造をユニークな方法（企業秘密）で行っており、４０４特許は当社の利益に全く貢献していない〉

当然のことながら、一審判決では、この二つのコメントで展開された日亜化学側の主張は基本的に退けられた。事実、判決文には、四〇四特許を「本件特許発明」、日亜化学が保有するその他の数多くの特許やノウハウで確立された現在の製造方法を「被告現方法」として、次のように書かれている。

〈当裁判所は、被告現方法は本件特許発明の構成要件をすべて充足し、その技術的範囲に属するものと判断する。被告現方法は、本件特許発明の技術的原理を前提として、その作用効果を高めるために実施態様を工夫したか、せいぜい改良発明としての意味を持つものでしかない〉

しかし、同時に、判決文には、この文言に続けてこうも書かれているのである。

〈なお、当裁判所は、被告現方法は本件特許発明の技術的範囲に属すると判断するものであるが、特許侵害訴訟と異なり、本件のような職務発明の相当対価請求訴訟においては、上記の点は、必ずしも相当対価の算定に当たり結論に影響を与えるものではない〉

逆手に取られた門外不出の「ノウハウ」

結局、一審判決は、被告現方法は本件特許発明の技術的範囲に属するとしながらも、その点は相当対価の算定に必ずしも影響を与えるものではないとしたうえで、前述したように原告や被告の主張とはまったく異なる視点から「算定額」を弾き出し、その算定額に対する四〇四特許の「貢献度」を五〇％と認定したのである。後段にあたる算定額と貢献度の認定が実は「判断留保」である可能性が高いことはすでに指摘したが、この点は前段との関係、すなわち前段から後段への論理展開を考えれば一段と鮮明になってくる。

判決文に示された論理展開を筆者なりに読み解くならば、東京地裁は以下のような綱渡りを余儀なくされたのではないかと考えられるのである。

まず、〈被告現方法は本件特許発明の構成要件をすべて充足し、その技術的範囲に属する〉と判断した時点で、東京地裁は最初の難問を突き付けられたと思われる。「四〇四特許」にその後の日亜化学のＬＥＤ・ＬＤ技術のすべてが含まれると認定した場合、中村氏側の主張を全面的に受け入れる形で「算定額」と「貢献度」を弾き出さなければならなくなる。それではあまりにも一方的にすぎるし、判決が与える社会的影響も大きすぎる。

そこで、次に、〈なお、（この点は）必ずしも相当対価の算定に当たり結論に影響を与えるものではない〉との但し書きを付すことで、前段と後段、すなわち特許の問題と対価の問題を切り離そうと考えた。ただ、このままでは〈被告現方法は本件特許発明の構成要件をすべて充足し、その技術的範囲に属する〉との判断が意味を失ってしまうため、この判断を担保する必要に迫られた。事実、判決文には、続けてこう書かれているのである。〈仮に、本件特許発明の各構成要件の文言を狭義に解釈して、被告現方法は文言上本件特許発明の技術的範囲に属しないとし、また、被告現方法と本件特許発明の相違部分につき当業者が容易に想到することができないとして均等の成立も否定する立場をとるとしても、被告現方法が本件特許発明を基本原理として利用した技術であることは明らかである〉

要するに、日亜化学側が主張するように「四〇四特許」と「現在の技術」とが別物であり、日亜化学側がこの点に妥協の余地はないと主張するとしても、「現在の技術」が「四〇四特許」を基本原理としていることは明白だと言っているのである。結局、このような論理展開を経ることによって、東京地裁は「四〇四特許」がすべてであるとの前提に立ちつつも、「四〇四特許」がすべてではないとの現実的な方向性を示したものと思われる。

筆者が「判断留保」ではないかと指摘した後段の「算定額」と「貢献度」は、前段を形成するこのような論理展開によって導き出されたのである。そして、結果的に「算定額」と「貢献度」が原告の主張と被告の主張の中間点で判断されたことを考えれば、前段で展開された論理もまた「判断留保」のための理屈ではなかったかと思えてくるのである。

しかも、判断の大前提となっている「四〇四特許」の評価については、日亜化学側が裁判でみずからの主張の根拠を十分に示すことができなかったという特別の事情もあった。

第五章までに詳述したように、日亜化学が採用しているいま現在のLED・LD製造技術は、公開の「特許」ではない非公開の「ノウハウ」として、いわば門外不出の企業秘密となっているのである。仮に日亜化学側が裁判でこの「ノウハウ」のすべてを提示して主張を展開していたとすれば、「四〇四特許」そのものの評価についてもまったく異なった判断が下されていた可能性がある。

しかし、国際競争の渦中にある日亜化学にとって、生命線である企業秘密の提示はできない相談だった。したがって、東京地裁もきわめて限られた条件のもとで判断を下さざるをえなかった。ここに今回の特許裁判の本質的な限界が存在していると言っていい。

九三年末の日亜化学によるGaN系LEDの発表以降、日亜化学が行っている事業分野には世界中で五〇社以上の企業が参入してきている。この分野における二〇〇三年の世界中の総売上高は六〇〇〇億円程度と推定されているが、このうちの二五%を日亜化学が占めているという。先端技術をともなう産業では、一日でも改良を怠れば、その業界では十歩後退する分野であると言われ、一年で業界地図が塗り変わることも珍しくない。

四〇四特許をベースにしていれば、他社に追い抜かれ、現在の日亜化学のシェアがないことは誰の目にも明らかである。日亜化学では、ＬＥＤ事業のスタート以来、技術者たちは寝食を忘れて製品の改良努力を続け、また、営業担当者は世界の顧客間を駆けめぐり、製造、営業担当者をはじめとした従業員全体の汗の結晶が結実し、地域社会に貢献しているのである。これはすべての企業についても言えることである。今回の裁判はこれらすべての従業員の努力を無視し、さらにノーリスクの発明者のみを擁護した、現実とあまりにもかけ離れた無謀な判決と言わざるを得ないのである。

退社前から「画策」されていた特許裁判

「日亜の特許を攻撃する方法を教えてやる」

第一章で筆者は、中村氏と日亜化学とが裁判という手段に訴えてまで争わなければならなくなったそもそものきっかけは、日亜化学を退社した中村氏が日亜化学のライバル社にあたるクリー・ライティング社の非常勤研究員に就任したことにあったと指摘した。事実、その後、クリー社＝中村氏と日亜化学は米国で訴訟の応酬合戦に突入し、その応酬合戦の末に日本で中村氏が日亜化学を提訴するに至ったのである。

中村氏が日亜化学を退社したのは一九九九年一二月、カリフォルニア大学サンタバーバラ校教授に就任したのは二〇〇〇年二月、クリー・ライティング社非常勤研究員に就任したのは二〇〇〇年五月のことだが、実は中村氏は日亜化学に在職しているときからクリー社サイドと密かに接触を持ち始めていたのである。

動かぬ証拠は少なくとも二つある。

一九九九年一二月二四日、日亜化学は住友商事を特許侵害で提訴した。住友商事はクリー社製品の日本での輸入総代理店を務めており、クリー社製品が日亜化学の特許を侵害している疑いがあったからである。このとき、日亜化学では、クリー社と住友商事の特許侵害について、技術責任者だった中村氏に相談し、意見を求めている。ところが、住友商事に対する提訴からわずか四日後の一二月二八日、技術責任者だった中村氏が突如として日亜化学を退社してしまったのである。

中村氏との裁判を担当してきた日亜化学知財部の松下一郎氏はこう証言している。

「中村氏が当社を退職してから判明したことだが、中村氏は当社在職中から当社のライバル社にあたるクリー社サイドと密かに接触を持っていた。事実、当社が証拠として入手した中村氏の在職中のパソコンメールには、『日亜の特許を攻撃する方法を教えてやる』との驚くべきログ（記録）が残されている。このメールは中村氏からクリー社の某幹部あてに送信されたものだが、この一事をもってしても、中村氏が在職中から青色LED関連の特許に関してクリー社と内通し、日亜化学を陥れようと画策していたことは明々白々だ」

しかも、松下氏によれば、突然の退社に際して、中村氏は「在職中に知り得た秘密は漏洩しない」旨の書かれた退職書類へのサインを断固として拒否したという。第一章でも指摘したが、中村氏はこの点について、日亜化学側が六〇〇〇万円の特別退職金と交換条件に秘密保持契約書へのサインを求めてきたので、〈内心の腹立たしさを隠し、答えを濁したまま、私は社長室を出た〉と説明している。

しかし、中村氏の言う秘密保持契約書は、会社を退社する社員なら誰でもサインするごく一般的な退職書類にすぎない。六〇〇〇万円の特別退職金についても、中村氏が赤崎勇教授が行っていた開発テーマを日亜化学も行うことを提案したこと、開発初期に導入技術に関与したこと、会社を有名にしたスポークスマンの役を果たしたことなどを評価したものであったと見られる。クリー社と密かに内通していた中村氏はともかく、この時点で日亜化学側が中村氏に特別な圧力をかける必然性などまったく存在していなかったのである。送別の宴での、新たに新分野の研究をするという大勢の人前での挨拶を信じ、素直に人間として認めていたのである。

ちなみに、日亜化学側が中村氏に本来の意味での「秘密保持契約書」のサインを求め始めたのは、中村氏が渡米してからのことである。中村氏は明確な理由も説明しないままごく一般的な退職書類へのサインすら拒んだのだから、技術上の秘密の漏洩を懸念した日亜化学側が中村氏に「秘密保持契約書」へのサインを求めたのは当然である。「日亜の特許を攻撃する方法を教えてやる」との先の内通メールを持ち出すまでもなく、確信犯と言えるのはむしろ中村氏のほうなのである。

「五〇億円」と「密約」に目がくらんで

もう一つの動かぬ証拠には、スティーブ・デンバースなる米国人が関わっている。

デンバース氏は米国でナイトレス(Nitres)なるベンチャーを起業し、ナイトレス社に中村氏を引き入れた後、同社を中村氏ごとクリー社に売り飛ばすことで、大儲けをした人物である。いわば中村氏とクリー社との橋渡しをした人物なのだが、実は中村氏がこのデンバース氏と密かに接触を持ち始めたのも日亜化学在職中のことだった。

前出の松下氏はこう証言している。

「中村氏は当社を退社したら、すぐにクリー社に行くつもりだったようだ。ところが、デンバース氏から『このまま日亜化学を辞めてクリー社に行ったら、トレードシークレットに引っかかって日亜化学から訴えられる』旨の助言を受け、ワンクッション入れる目的でとりあえずカリフォルニア大学サンタバーバラ校教授に就任したと自分の本に書かれている。つまり、大学教授への転身はいわば隠れ蓑にすぎず、中村氏の目的は最初からクリー社に行くことにあったのではないかと思われる」

実は、デンバース氏はカリフォルニア大学サンタバーバラ校の教授でもあった。そのデンバース教授は、中村氏が日亜化学を退社する三ヵ月前の一九九九年九月二三日、日亜化学を訪れ、講演を行っている。この事実からもうかがえるように、デンバース氏は中村氏のサンタバーバラ校入りを強力に薦めた人物だったのである。

さらに、それからわずか一ヵ月後の一〇月一三日、ノースカロライナでSiC（炭化ケイ素。クリー社はSiC基板上に窒化ガリウムを成長させてＬＥＤを製造している）関連材料の学会が開かれた際、これに出席した中村氏はクリー社幹部と食事をし、「二〇万株（当時の相場で五〇億円相当）」の同社株のストックオプションの提示を受けている。

そして、それから二ヵ月後の一九九九年一二月二七日に日亜化学を退社した中村氏は、デンバース氏らが設立した窒化物半導体デバイスの開発を行うナイトレス社のコンサルタントに名を連ね、カリフォルニア大学サンタバーバラ校教授に就任した二〇〇〇年二月から三ヵ月後の二〇〇〇年五月、ナイトレス社が米クリー社に買収されたのを機に、社名の変わったクリー・ライティング社の非常勤研究員に就任したのである。

しかし、話はこれで終わりにはならない。

というのも、その後、デンバース氏がナイトレス社をクリー社に売り飛ばしたことで、すなわちナイトレス社をクリー社に吸収させたことで、すべてのナイトレス社の株がクリー社の株に化けて急騰したからである。そして、ナイトレス社を吸収したクリー社の株が急騰したのは、日亜化学の技術上の秘密を知っている中村氏がナイトレス社の吸収と同時にクリー・ライティング社入りするというシナリオが三者間で出来上がっていたからなのである。

デンバース氏がナイトレス社に中村氏を引き入れたと指摘したのはまさにこのことであり、中村氏はデンバース氏の助言に従ってカリフォルニア大学サンタバーバラ校教授に緊急避難したのである。しかも、当初、クリー社サイドは、中村氏のクリー・ライティング社入りの見返りとして、「五〇億円（当時）」にも上る巨額のストックオプションを提示していたのである。

さらに言えば、中村氏は二〇〇一年五月二三日に前述したクリー・ライティング社ときわめて重要な契約を交わしている。五月二三日と言えば中村氏が日亜化学を提訴した八月二三日のちょうど三ヵ月前にあたるが、その契約書には以下のような内容の驚くべき「密約」が列記されていたのである。

①中村氏は日亜化学をただちに東京地裁へ提訴しなければならない
②提訴にあたっては、クリー・ライティング社およびクリー・ライティング社が指名する弁護士（具体的には中村氏の現在の訴訟代理人である升永英俊弁護士）に依頼しなければならない
③訴訟費用については、すべてクリー・ライティング社が負担する
④勝訴によって特許を取り戻すことに成功した場合、特許の実施権をクリー・ライティング社に許諾する
⑤クリー・ライティング社は中村氏に対して七万株のストックオプションを追加支給す

る

要するに、中村氏は日亜化学在職中からライバル会社であるクリー社をはじめとする複数の関係者と密かに接触を図り、退社後はカリフォルニア大学サンタバーバラ校教授という肩書きを隠れ蓑に日亜化学から特許を奪い取るべく走り回っていたのである。

古巣である日亜化学を提訴したときも、一審判決で仰天判決が飛び出したときも、中村氏は「日本の技術者のために」「理系をめざす子供たちに夢を」などの、耳あたりのいい大義名分を口にした。マスコミが競って取り上げたこれらのキャッチフレーズに、寒々とした空々しさを感じてしまうのは筆者ばかりではないだろう。

「特許法第三五条」で日本が崩壊する！

中村氏の一連の行動の原点にあった「欲」

しかし、人生は当人が考えているようにはうまくは行かないものである。

事実、前出のデンバース氏はクリー社株として急騰した旧ナイトレス社株を売り抜けて巨額のキャピタルゲインを手にしたが、中村氏は時価にして「五〇億円」にも相当するストックオプションを手に入れながら売り時を逸してみすみす資産を減らしてしまったのである。実際、クリー社から五〇億円のストックオプションの提示を受けていた事実を裁判で突き付けられたとき、証人席に座っていた中村氏はしどろもどろになって返答に窮したあげく、「現在は五〇億円もの価値はない」と苦しい言い訳をするのが精一杯だった。

あるいは、前述したクリー・ライティング社と中村氏との「密約」についても、それから三ヵ月後の八月一七日、すなわち中村氏が日亜化学を提訴するわずか六日前に、中村氏は同社から契約の見直しを迫られている。その結果、契約は、中村氏がすでに取得していた七万株のストックオプションを除き、筆者が先に列記した内容で言えば④と⑤の項目を除き、すべて白紙に戻されてしまったのである。

この契約見直しについて、前出の松下氏は筆者にこう語っている。

「クリー・ライティング社が中村氏に契約の見直しを迫ったのは、中村氏が四〇四特許でしか日亜化学を提訴できないことが判明したからではないか。同社が必要としていたのは四〇四特許以外の真に重要な特許群だったが、同社は中村氏が四〇四特許の発明にしか関与していないことを知らなかった。日亜化学は裁判で四〇四特許の貢献度は〇％であると一貫して主張してきたが、皮肉にもクリー・ライティング社は中村氏が提訴に踏み切る前にすでにその点を認識していたことになる。中村氏を利用しようとしていた会社がそう判断したのに、なぜ東京地裁が一審判決であのように四〇四特許を過大評価するのか理解に苦しむ」

要するに、日亜化学を提訴した時点での中村氏は、ストックオプションで大金を手にすることにも失敗し、アテにしていたクリー社サイドからも見離されて、いわば完全に追い詰められた状態になっていたのではないか。あるいはまた、このままでは緊急避難的に就任したはずのカリフォルニア大学サンタバーバラ校教授で一生を終えてしまうのではないかという焦りもあったかもしれない。

いずれにせよ、中村氏の一連の行動の原点には、つねに「欲」という一文字が付いて回っていたのである。ついでに言えば、中村氏が信奉する米国にすら、安定収入とリスク報酬の二重取りを認めるルールは存在しないのである。

今回の東京地裁による仰天判決をめぐっては、多くのマスコミが手放しに近い形で中村氏の「全面勝訴」を礼賛する一方、一部のマスコミや一部の識者、あるいは経済界などからは冷静な疑問の声も上がっている。

たとえば、『週刊新潮』二〇〇四年二月一二日号は、中村氏の主張を一方的に掲載した前述の『週刊朝日』とは対照的に、「なぜか美談にされた『青色発光ダイオード』200億円判決」とのタイトルで、「美談」の陰に潜む欺瞞を摘出している。なかでも、キヤノン顧問で知的財産問題に詳しい丸島儀一氏の次の指摘は問題の本質を鋭くえぐるものだった。

〈「日本の研究開発はグループ単位で行われるのが普通です。こんな判決が出ては、研究者同士の間にギクシャクした発明争いが起きて、停滞してしまうのは目に見えています。彼は安定した給料を貰って研究していたわけでしょ。いわばローリスク、ハイリターンではないですか。もし、彼がベンチャー企業を興して、ハイリスク、ハイリターンだというのならば問題ないけれどもね。それに、裁判所の貢献度の計算もかなり乱暴です。発明や開発は事業となりえるまで多くの人の努力が積み重なるわけでしょ。一人の発明者の貢献度が50％だなんてあり得ない。不公平感が募るばかりです」〉

大至急「特許法第三五条」を改正せよ！

同様に、前述した判決当日の『ニュースステーション』でゲストの中村氏に皮肉たっぷりの突っ込みを入れた経済アナリストの森永卓郎氏も、二〇〇四年二月六日付『日刊ゲンダイ』掲載の連載「この国の行方」で、中村氏の一連の主張に次のような疑問を呈している。

〈中村教授は開発には誰の手も借りていないと主張するが、少なくとも会社に所属していれば、給与計算でも電話受けでも、誰かの手を借りているのは確実だ。たった一人の仕事というのはありえない。また、報酬の二重取りという日亜化学側の主張も一理あると思う〉

〈高額の報酬が後進の研究者に夢を与えるといっても、成果の独り占めを許せば、その裏返しとして成果の出せない研究者は、常にリストラのリスクにさらされる。私が研究者なら、そんなバクチのような人生より、安定収入で好きな研究ができる会社の方がずっといい〉

さらに、経済同友会の北城恪太郎代表幹事は、二〇〇四年二月四日の会見で問題の東京地裁判決に触れ、「いい仕事に報酬を出すことで意欲は高まるが、ボーナスは（せいぜい）数百万円単位、一〇〇〇万円では多い。億（円）ということはないだろう」と苦言を呈した。そのうえで、「二〇〇億円は破格だ。発明で何百億円のコストが発生するなら、研究開発は海外でやった方がいいということになる。日本の科学技術振興の観点から、今回の判決は問題がある」と大批判してみせたのである。

中村氏が唯一の根拠としてきた「四〇四特許」が中村氏の主張するような「ブレイクスルー」ではなかったことは、第三章を中心に詳しく述べたとおりである。日亜化学側がみずからの企業秘密の壁に阻まれてこの点を十分に立証することができず、結果的に東京地裁が原告の主張と被告の主張の中間を取る「判断留保」の形で高額判決を出さざるをえなかったこともすでに指摘した。しかも、中村氏は在職中から日亜化学のライバル会社と密かに接触を持ち、前述したような変転を経て日亜化学を提訴するに至ったのである。

もちろん控訴審の行方によっては一審判決が大きく覆る可能性もあるが、日亜化学が直面させられた今回のような事態を未然に回避し、日本が技術立国として世界に伍していくためには、やはり「特許法第三五条」の見直しが急務になってくるだろう。

今回、中村氏側の主張に絶大なる法的根拠を与えた「特許法第三五条」の第三項と第四項では、「職務発明」と「相当の対価」の関係が次のように定められている。

〈第三項　従業者等は、契約、勤務規則その他の定により、職務発明について使用者等に特許を受ける権利若しくは特許権を承継させ、又は使用者等のため専用実施権を設定し

たときは、相当の対価の支払を受ける権利を有する〉

〈第四項　前項の対価の額は、その発明により使用者等が受けるべき利益の額及びその発明がされるについて使用者等が貢献した程度を考慮して定めなければならない〉

法律上の難しい議論は専門家に任せるが、要するにこの「第三項」と「第四項」を徹底的に見直して、社員や元社員などが自分の関わった職務発明に対して行う「相当な対価」の請求に一定の歯止めをかける必要があるということだ。こう考えるのはなにも筆者ばかりではなく、事実、政府はいま「相当の対価」に上限を設ける方向での特許法第三五条の改正作業に入っており、二〇〇四年の通常国会での改正特許法の上程をめざしている。

一九二一年にスタートした特許法第三五条は、最近までとくに問題を起こすことはなかった。近年、一部の弁護士がこの条文に着目し、仕事の掘り起こしを行うようになった。退職した特許発明者を次々と同じ弁護士や、かつて同じ弁護士事務所に所属していた弁護士で裁判を起こしている。同じ司法の分野の裁判官も次々と対価を高くしており、仲間意識があるのではないかと勘ぐりたくもなる。

ベンチャービジネスの成功者の話と、企業の研究者の話がすり替わってしまっている。IBMでさえ、七五〇ドル（約八万円）を特許の対価としているのである。ベンチャーの成功者と企業の研究者には、すべてのリスクを負うか、リスクをまったく負わないかという、決定的な違いがある。その点をまったく考慮しない判決が出されていることはまさに無謀であり、一刻も早い特許法第三五条の改正が望まれるゆえんでもある。

当然のことながら、中村氏とその訴訟代理人である升永弁護士は、にわかに始まったこの特許法第三五条改正の動きを口を極めて批判している。事実、「全面勝訴」を勝ち取った日のマスコミの取材に対しても、両氏は特許法改正の不当性を繰り返し訴えていた。

しかし、筆者には、両氏が「相当の対価」の重要性を主張すれば主張するほど、あるいは「特許法改正」の不当性を訴えれば訴えるほど、皮肉なことに「特許法改正」への世論はむしろ高まっていっているようにも感じられるのである。世論ほどアテにならないものはないが、同時に世論ほど正邪を鋭く嗅ぎ分けるものもないからである。

青色発光ダイオード 日亜化学と若い技術者たちが創った

2004年3月30日 初版第1刷発行
2014年11月1日 第8刷発行

著　者 テーミス編集部
発行者 伊藤寿男
発行所 株式会社テーミス
東京都千代田区一番町13-15 一番町KGビル 〒102-0082
電話 03-3222-6001 Fax 03-3222-6715
印刷
製本 株式会社平河工業社

 ISBN978-4-901331-08-1